[瑞士] 荣格————著 中央编译翻译服务组————译

四种原型

中央编译出版社
Central Compilation & Translation Press

图书在版编目(CIP)数据

四种原型/(瑞士)荣格著；中央编译翻译服务组译．—北京：中央编译出版社，2023.7
ISBN 978-7-5117-4403-6

Ⅰ．①四… Ⅱ．①荣… ②中… Ⅲ．①下意识－研究 Ⅳ．① B842.7

中国国家版本馆 CIP 数据核字(2023)第 063024 号

四种原型

责任编辑	周孟颖
责任印制	刘　慧
出版发行	中央编译出版社
地　　址	北京市海淀区北四环西路 69 号 (100080)
电　　话	(010)55627391(总编室)　　(010)55627318(编辑室)
	(010)55627320(发行部)　　(010)55627377(新技术部)
经　　销	全国新华书店
印　　刷	佳兴达印刷（天津）有限公司
开　　本	880 毫米 ×1230 毫米　1/32
字　　数	106 千字
印　　张	7.875
版　　次	2023 年 7 月第 1 版
印　　次	2023 年 7 月第 1 次印刷
定　　价	49.00 元

新浪微博：@ 中央编译出版社　　　微　　信：中央编译出版社 (ID：cctphome)
淘宝店铺：中央编译出版社直销店 (http：//shop108367160.taobao.com) (010)55627331
本社常年法律顾问：北京市吴栾赵阎律师事务所律师　闫军　梁勤
凡有印装质量问题，本社负责调换。电话：(010)55626985

出版前言

荣格的《金花的秘密》和《未发现的自我》在中央编译出版社出版后,引起国内读者的广泛关注,其中不乏心理学爱好者、心灵探索者,以及荣格心理学的研究者。

这两本书之所以广受关注,原因正如它们的名字所指出的——"秘密""未发现",这是荣格向人类发出探索潜在奥秘的邀请。荣格曾感叹,在人类历史上,人们把所有精力都倾注于研究自然,而对人的精神研究却很少,在对外界自然的探索中,人类逐渐迷失自我,被时代裹挟,被无意识吞噬……

为了更好地向读者介绍荣格心理学,中央编译出版社选取荣格文献中的精华篇章,切入荣格关于梦、原型、东洋智慧、潜意识、成长过程等方面的心理问题、类型问题、心理治疗等相关主题内容，经由有关专家学者翻译，以"荣格心理学经典译丛"为丛书名呈现出来。此外，书中许多精美插图均来自于不同时期荣格的相关著作，部分是在中国书刊中首次出现，与书中内容相配合，将带给读者不一样的视觉与心灵冲击。

多年来，中央编译出版社注重引进国外有影响的哲学社会科学著作，其中有相当一部分是心理学方面的著作，目前已形成比较完整的心理学著作体系，既有心理学基础理论读物，又有心理学大众普及读物，可谓种类丰富、名家荟萃。我们希望这套丛书的推出，能够为喜欢荣格心理学的读者和心理学研究者，提供一套系统、权威的读本，也带来更好的阅读体验。译文不当之处，敬请批评指正。

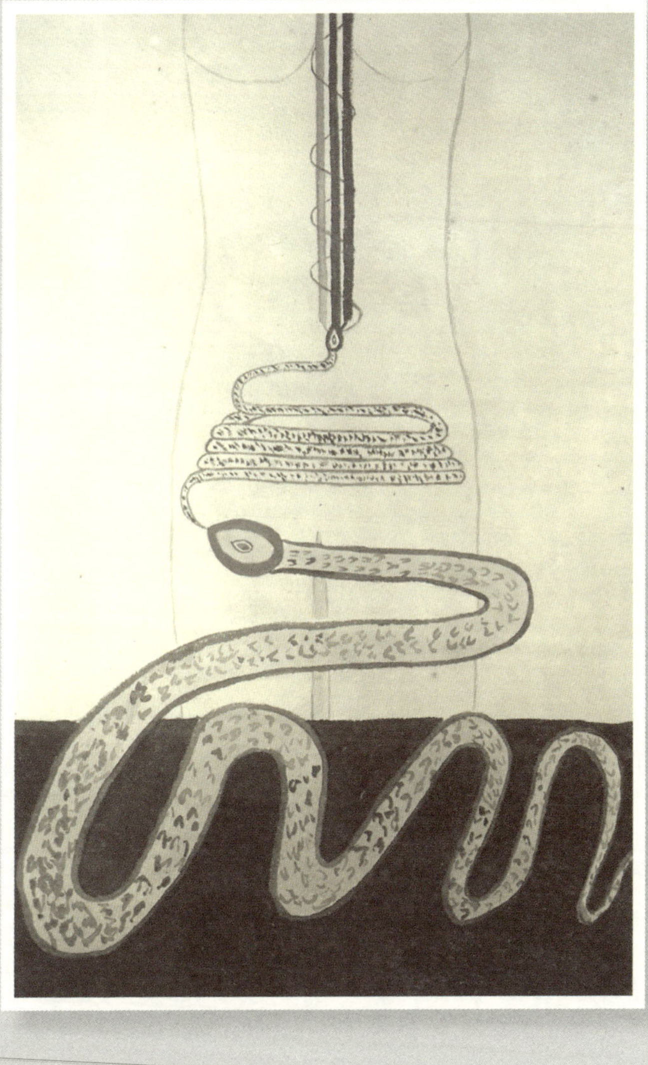

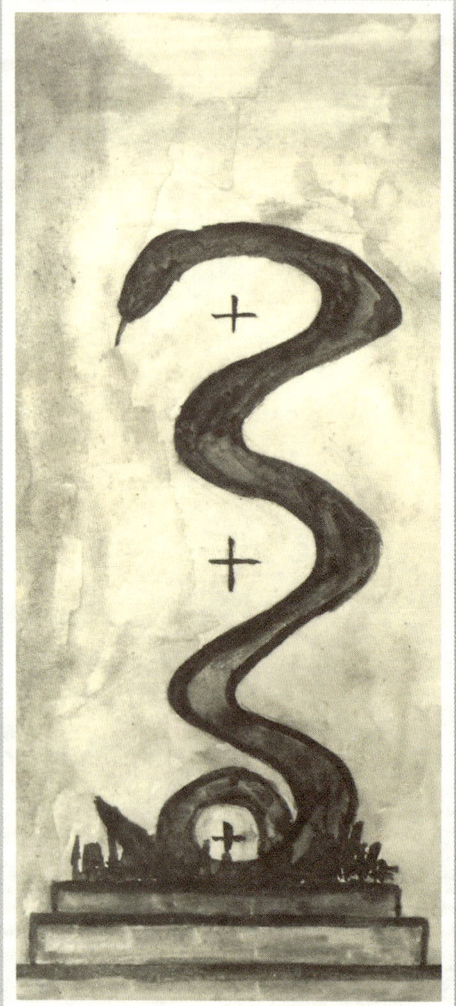

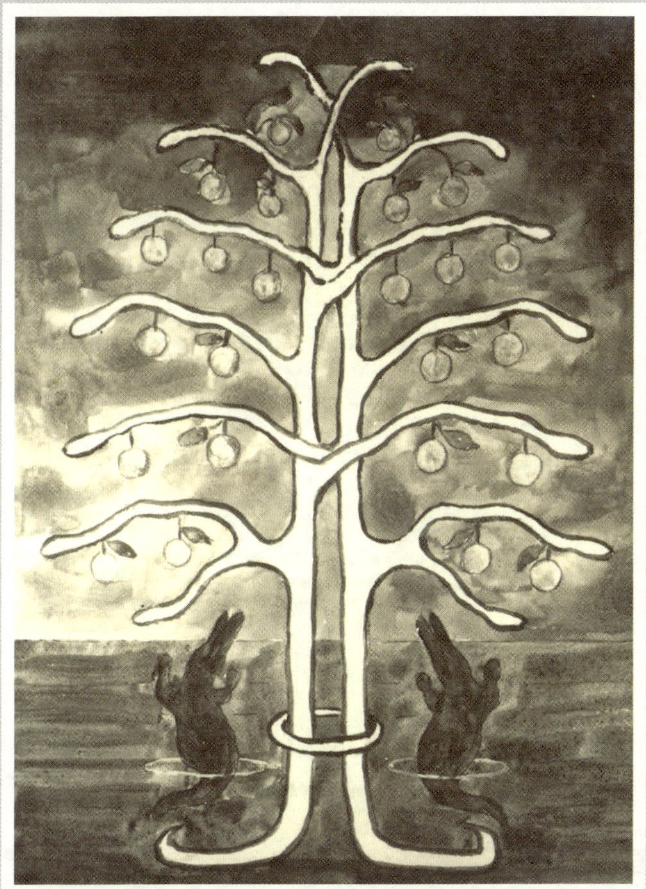

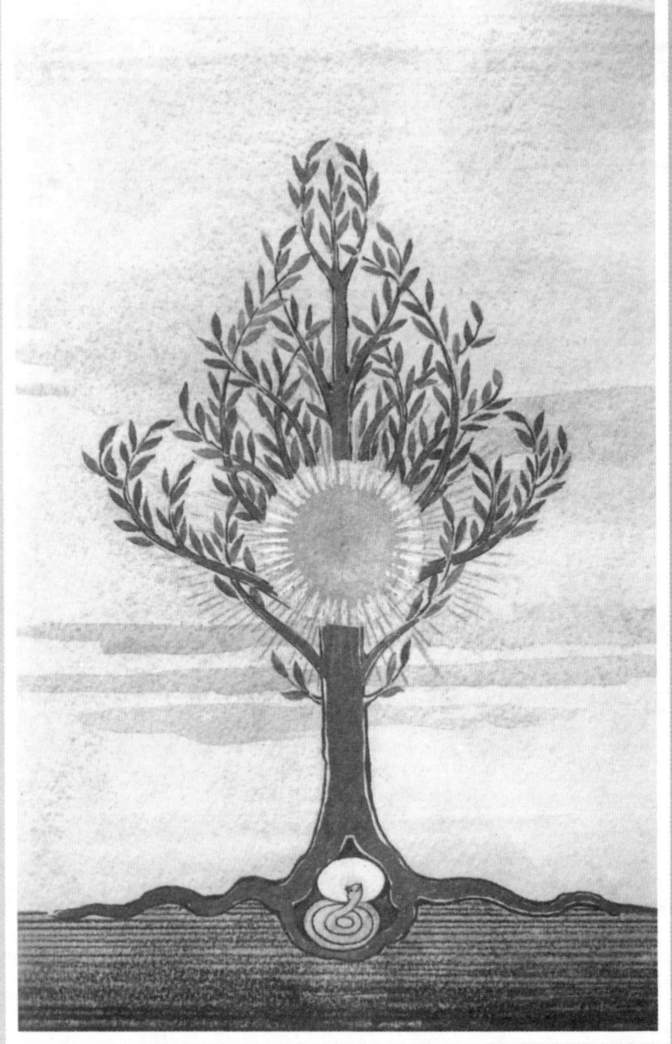

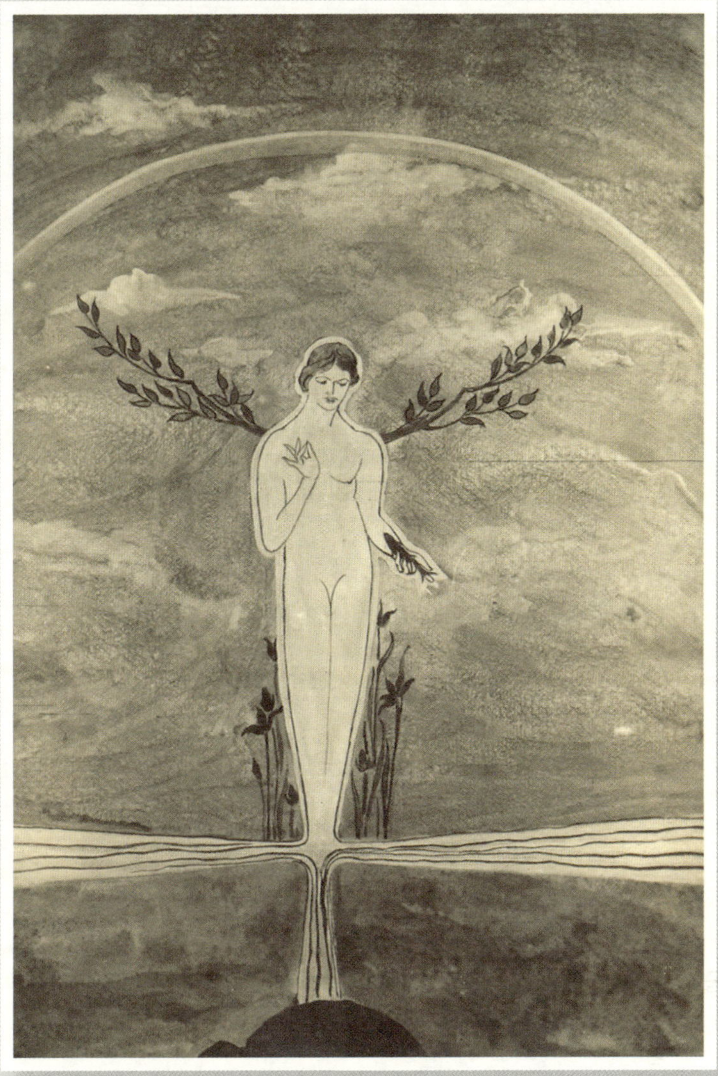

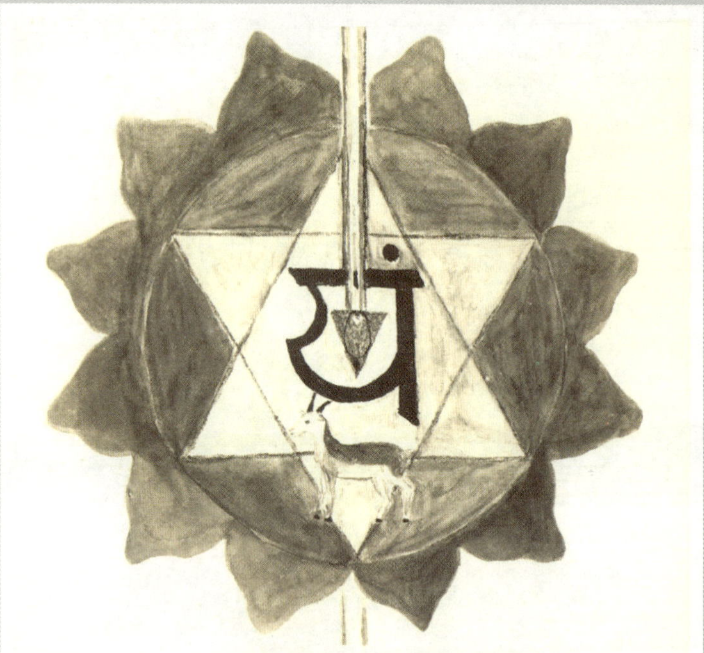
यं

目 录

前　言 001

第一章　母亲原型的心理分析 001
一、论原型概念 003
二、母亲原型 012
三、母亲情结 018
四、母亲情结的积极方面 030
五、总结 044

第二章　关于重生 059
一、重生的形式 062
二、重生的心理 066
三、一组说明转变过程的典型符号 098

第三章　精神在童话中的现象 121
一、关于"精神"一词 125
二、精神在梦中的自我表现 136
三、童话中的精神 142
四、童话中的动物精神象征主义 163
五、补充 184
六、总结 199

第四章　论愚者形象的心理 203

前　言

　　集体潜意识是一种假设，它属于那种人们起初觉得奇怪、但很快就会作为熟悉概念掌握和使用的思想。一般潜意识概念也是如此。潜意识这一哲学思想最初主要是由卡鲁斯（Carus）和冯·哈特曼（Von Hartmann）等人提出的，后来被唯物主义和实证主义的汹涌浪潮淹没，没有留下一丝涟漪。不过，它在医疗心理学这一科学领域渐渐重新浮出了水面。

　　起初，潜意识概念仅仅用于表示一些被压抑的内容和被遗忘的状态。弗洛伊德（Freud）从比喻意义上使潜意识走上前台，成为了主角。不过，在弗洛伊德看来，潜意识也只是被遗忘和被压抑内容的聚集场所而已，其功能意义也仅限于此。所以，虽然弗洛伊德意识到，潜意识具有古代神话的思想形式，但他认为潜意识仅具有个人属性[①]。

比较肤浅的潜意识层次显然具有个人属性。我称之为个人潜意识。这种个人潜意识依赖于另一种更深的潜意识层次，后者并非源于个人经验，不是个人习得的产物，而是天生的。我将这种更深的层次称为集体潜意识。我之所以选择"集体"一词，是因为这部分潜意识不是个人的，而是普适的；和个人心理不同，它的内容和行为模式对于所有地区和所有个体基本相同。换句话说，它在所有人身上都是相同的，因此构成了所有人共有的超越个人的心理基底。

我们只能通过能够被意识到的内容的存在来识别心理存在。所以，只能就我们能证明的潜意识内容来谈论潜意识。个人潜意识的内容主要是所谓的重感觉的情结，它们构成了心理生活中个

[①] 弗洛伊德在后期作品中区分了这里提到的基本观点。他将本能心理称为"本我"，用"超我"表示集体意识。个体可以意识到一部分集体意识，但是意识不到另一部分集体意识（因为它受到了抑制）。

体和私人的一面。另一方面，集体潜意识的内容被称为原型。

斐洛·尤迪厄斯（Philo Judaeus）很早就提到了"原型"一词[1]，指的是人意识中的上帝意象。爱任纽（Irenaeus）也提到了原型，他说："造物主不是直接根据自身创造这些事物，而是用自身以外的原型复制这些事物。"在《赫尔墨斯文集》[2]中，上帝被称为"原型之光"。狄尼修法官（Dionysius the Areopagite）曾多次提到原型一词，比如在著作 *De caelesti hierarchia*，II，4 中提到"非物质原型"[3]；在《神秘论》，I，6 中提到"原型石"[4]。列维-布鲁尔（Lévy-Bruhl）表示，原始世界观中符号形象的"集体表征"一词完全可以表示潜意识内容，因为它们的含义基本相同。原始部落传说中的原型得到了特别修改，它们不再是潜意识内容，而是被转变成了根据传统教授

---

[1] 《地上的人》，I，第69页。参考科尔森（Colson）、惠特克（Whitaker）翻译，I，第55页。

[2] 斯科特（Scott），《赫尔墨斯文集》，I，第140页。

[3] 米涅，希腊语系列，卷3，col.144。

[4] 同上，col.595。

的意识公式，通常具有秘教形式。最初来自潜意识的集体内容的传承通常被称为秘教。

原型的另一种为人熟知的表述形式是神话和童话。神话和童话同样是获得了具体印迹、长时间流传下来的形式。所以，"原型"一词只能间接适用于"集体表征"，因为它只表示没有得到有意识思考、属于直接心理经历的心理内容。从这种意义上说，原型和演化而来的历史之间存在很大区别。特别地，对于较高水平的秘教，原型的表现形式很明确地揭示了有意识思考对其产生的重要影响。例如，就像我们在梦境和幻象中看到的那样，它们的直接表现形式比神话更具个体性，更加不易理解，更加朴素。从本质上说，原型是一种潜意识内容，但它会得到感知，从而得到改变。所以，原型具有它所依托的个人意识的色彩[1]。

原型和所有超自然内容类似，是相对自主的，因此无法仅仅通过理性途径得到整合，而是

---

[1] 为准确起见，你必须区分"原型"和"原型思想"。原型是假设的、无法表示的模型，类似于生物学中的"行为模式"。

需要一种对话程序，一种真正的协商，它常常是由患者通过对话形式进行的。所以，患者在不经意间实现了冥想的炼金术定义："与内心善良的天使的谈话"，这一过程通常具有戏剧性，有许多起伏。它可能体现在伴随着与"集体表征"有关的梦境符号，这些集体表征以神话主题的形式描绘了从远古时期开始的心理转变过程。

第 一 章

母亲原型的心理分析

一、论原型概念

大母神概念属于比较宗教学领域，包含多种不同的母神类型。这个概念本身与心理学没有直接关系，因为我们在实践中很少遇到这种形式的大母神意象。即使遇到，它也具备非常特殊的条件。这一符号显然衍生自母亲原型，而母亲原型比大母神更加全面。如果我们试图从心理学角度研究大母神意象的背景，那么我们必须将母亲原型作为讨论基础。在目前阶段，不需要详细讨论原型概念，我也许应该从整体上作一些初步评论。

过去的时代，尽管存在一些异议，加上亚里士多德（Aristotle）的影响，人们仍然很容易理解柏拉图（Plato）的思想概念，其思想是超凡的，先于所有现象而存在。"原型"远非现代词语，它在圣奥古斯丁（St.Augustine）时代之前就已经被人使用了，在柏拉图语境下与"思想"同义。《赫尔墨斯文集》很可能诞生于3世纪，它将上帝描述为"原型之光"，即上帝是所有光的原型；也就是说，上帝先于"光"现象存在，超凡于"光"现象。如果我是哲学家，我会顺着这种柏拉图式思路继续说下去：在"天空之外的某处"，有一个母亲原型或原始意象，它在一切最广义的"母亲"现象出现之前已经存在，而且超凡于这些现象。不过，我是实证主义者，不是哲学家。我不能假设我的独特性情和我对于学术问题的态度适用于所有人。显然，只有哲学家才会沉浸在这种假设里，他们总是理所当然地认为，他们的性情和态度是普适的。他们不会认识到，他们的哲学受限于他们的个人因素，尽管他们也许能回避这一点。作为实证主义者，我必须指出，有些人倾向于将思想看作真正的实体，而不仅仅是名字。实际上，过去200年，将思想仅仅看作名字的观点已经不流行了，甚至令人难以理解——你也可以说，此事纯属巧合。任何继续像柏拉图那样思考的人都必须为自己的过时付出代价，他们将思想"超越天空的本质"即形而上学本质降格到无法证实的信仰和迷信领域，或者仁慈地将其留给诗人去讴歌。在关于普遍性的古老争论中，唯名论视角再次战胜了现实视角，思想沦为了空谈。这种改变伴随着——并在很大程度上导致了——实证主义的明显崛起。知识分子很容易看到实证主义的优势。从此，思想不再具有先验性，成为了次要的衍生事物。自然，新的唯名主义迅速为自己夺回了普遍有效性。不过，它同样基于具有性情色彩的明确而有限的论点。这个论点是这样的：我们接受来自外部、可以验证的一切事物，将其看作有效的。理想的例子是实验验证。它的对立面是：我们接受来自内心、无法验证的一切事物，将其看作有效的。这种观点的绝望感很明显。关注物质的希腊自然哲学和亚里士多德的论证方法取得了对于柏拉图的压倒性胜利，尽管这个胜利来得有点晚。

不过，每一次胜利却都蕴含了未来失败的萌芽。在我们这个时代，预示态度转变的迹象正在迅速增加。显然，和其他思想相比，康德（Kant）的分类学说最能摧毁复兴形而上学旧有意义的所有萌芽，同时也最能为柏拉图精神的重生铺平道路。如果你认为没有哪种形而上学能够超越人类理性，那么你同样不能否认，所有经验知识显然已经得到了先验认知结构的捕捉和限制。在《纯粹理性批判》出现后的一个半世纪，人们逐渐相信，思考、理解和推理不是仅仅遵循永恒逻辑规则的独立过程，而是与性格相协调并且从属于性格的心理功能。我们不再问，"人们是否通过观看、倾听、把握、称量、统计和思考，发现这件事或那件事具有合理性？"相反，我们会问，"观看、倾听和思考的人是谁？"这种批判态度始于最小观察和衡量过程的"个人方程"，继而创造了前人未知的实证心理学。今天，我们相信，所有知识领域都存在心理假设，它们对于材料的选择、研究的方法、结论的性质以及假设和理论的形成发挥着决定作用。我们甚至开始认为，康德的性格是其《纯粹理性批判》的决定因素。这种对于个人假设的认识不仅影响到了哲学家，而且影响到了我们自己对于哲学的偏爱，甚至影响到了常常被我们称为"最佳"真理的观点，这种影响可能具有危险的破坏性。我们高喊，我们失去了一切创造性的自由！天哪！一个人的思想、语言和行为是不是永远无法摆脱自身的束缚呢？

如果我们不再夸张，以免落入无限"心理化"的陷阱，那么在我看来，这里定义的重要观点是无法避免的。它构成了现代心理学的本质、起源和方法。一切人类活动的确拥有一个先验因素，即天生的、前意识的和潜意识的个体心理结构。前意识心理——比如新生婴儿的心理——不是在有利条件下几乎可以装入任何事物的空白容器。相反，它是极为复杂、拥有鲜明特征的个人实体。它之所以看上去很模糊，完全是因为我们无法直接观察它。不过，当心理生活最初的明显迹象开始出现时，只要你不是瞎子，你就会看到它们的个体性格，即它们背后的独特人格。我们不认为所有这些细节是在表现出来的那一刻突然出现的。对于父母已经存在的病态体质，我们推测它们来自胚质的遗传。当癫痫母亲的孩子出现癫痫时，我们不会将其看作无法解释的变异。同样，我们通过遗传来解释可以上溯几代人的天赋和才能。从未见过父母的动物也会表现出父母的复杂本能行为,这不可能是父母"教给"它们的。对此,我们同样会用遗传来解释。

如今,我们需要首先作出这样的假设:至少就倾向而言,人和其他所有生物没有本质区别。和所有动物类似,人拥有事先形成的心理,这种心理与他所属的物种相符。详细研究发现,人的心理拥有可以上溯到家族祖先的鲜明特征。我们没有丝毫理由假设某些人类活动和功能可以摆脱这一规则。我们无法知道这些使动物做出本能行为的倾向或天资是什么,同样无法知道使孩子以人类方式作出反应的前意识心理倾向的性质。我们只能假设他的行为来自运行模式。我把这些运行模式称为意象(image)。在使用"意象"一词时,我不仅是想表达正在发生的活动的形式,而且是想表达导致活动的典型局面[1]。这些意象是"原始"意象,因为它们是整个物种特有的。如果它们经历过"起源",这种起源一定至少与物种的

---

[1] 参考我的《本能与潜意识》,第277段。

出现重合。它们是人类的"人性",是人类活动具有的专属于人类的形式。这种特定形式具有遗传性,存在于胚质中。"它们并非来自遗传,而是每个孩子独自产生的"这一想法同"每天早上升起的太阳和前一天晚上落下的太阳不是同一个太阳"的原始观念一样可笑。

既然所有心理特征都是事先形成的,它们一定也与个体功能相符,尤其是直接源于潜意识倾向的功能。其中,最重要的是创造性幻想。在幻想产物中,原始意象得到了体现。这是原型概念的具体适用场合。我不是第一个指出这一事实的人。这一荣誉属于柏拉图。人种学领域第一个关注某些"基本思想"广泛存在的研究者是阿道夫·巴斯蒂安(Adolf Bastian)。后来的两个研究者,涂尔干(Durkheim)的追随者休伯特(Hubert)和毛斯(Mauss)提到了想象的"分类"。权威学者赫尔曼·乌瑟内尔(Hermann Usener)首先发现了伪装成"潜意识思考"的潜意识预成[1]。我对这些发现的贡献在于,我指出了

---

[1] 乌瑟内尔,*Das Weihnachtsfest*,第3页。

一个事实：原型不仅可以通过传统、语言和迁徙传播，而且可以在任何时间、任何地点，在没有任何外部影响的情况下自发地重新出现。

你一定不要忽视这种说法的深远影响，因为它意味着每个人的心理都存在潜意识而且很活跃——它们是有生命的性情，是柏拉图意义上的思想，是事先形成的，会持续影响我们的思想、感觉和行为。

我常常发现，人们有一个错误观念：原型是根据内容决定的，即原型是一种潜意识思想（如果你能接受这种说法的话）。我必须再次指出，原型不是根据内容决定的，而是根据形式决定的，而且决定程度非常有限。只有在被人意识到并被有意识经历的材料填充时，原始意象才是由内容决定的。就像我在其他地方解释的那样，原型的形式也许可以比作水晶的轴向系统，它在母液中事先决定了晶体结构，尽管它本身没有物质存在。当离子和分子以特定形式聚合时，它才会首次出现。原型本身是空洞的，完全是形式上的，仅仅是事先形式化的潜能而已，是一种先验的表现可能性。被继承的不是表现，而是形式。在这方面，它们完全与本能相对应，后者同样完全是由形式决定的。只要不具体呈现出来，原型的存在是无法证明的，正如本能的存在是无法证明的。关于形式的确定性，水晶的比喻富于启发性，因为轴向系统只能决定整体结构，无法决定每颗水晶的具体形式。水晶可大可小，可以由于各平面的不同面积或者两颗水晶的共同生长而千差万别。唯一不变的是轴向系统，或者说基本的恒定几何比例。原型也是如此，原则上，原型可以被命名，拥有恒定的核心含义——但这永远只是原则上的，与具体表现无关。类似地，母亲意象在任意指定时刻的具体表现无法仅仅由母亲原型推导出来，它还取决于无数其他因素。

二、母亲原型

和其他所有原型类似,母亲原型拥有无数种表现。在此,我只提及一些比较有特点的表现。首先,比较重要的表现形式有个人的母亲、祖母、继母和岳母;还有与个人存在某种关系的任何女性——比如护士、家庭女教师,或者遥远的女性祖先。还有可以比喻成母亲的事物。这个类别包括女神,尤其是圣母玛利亚(the Virgin)和索菲娅(Sophia)。母亲原型在神话中有许多变体,比如在德墨忒尔(Demeter)和戈莱(Kore)的神话中以少女身份重新出现的母亲,或者西布莉-阿提斯(Cybele-Attis)神话中深受喜爱的母亲。其他具有比喻意义的母亲符号代表了我们对救赎的渴望,比如天堂、天国和天上的耶路撒冷。许多能够引发忠诚和敬畏感的事物也可以是母亲符号，比如教堂、大学、城市、国家、天空、大地、树林、海洋或者任何静止的事物、地府和月亮。母亲原型常常与代表富饶和丰收的事物和地点相联系，比如丰饶之角、耕地和花园。它可以与岩石、洞穴、树木、泉水、深井以及洗礼池等各种容器相联系，或者是具有容器形状的花朵，比如玫瑰和莲花。由于它暗示了保护，因此魔法阵和曼陀罗也可以是母亲原型的一种形式。烤箱和炊具等空心物体也与母亲原型存在联系。当然，还有子宫、女阴以及一切具有类似形状的事物。此外，还有许多动物，比如奶牛、兔子和其他有益动物。

这些符号有的具有积极有利的含义，有的具有消极邪恶的含义。命运女神（莫伊拉、格莉伊、诺伦）具有好坏参半的含义。邪恶的符号有女巫、龙（或者任何缠绕吞食性动物，比如大鱼和蛇）、坟墓、石棺、深水、死亡、噩梦和妖怪（恩浦萨、莉莉丝等）。这份清单当然不完整，它只代表了母亲原型最重要的特点。

与此相关的品质有母性关怀和同情、女性

的神奇权威、超越理性的智慧和精神兴奋、一切有益的本能和冲动，所有善良、珍惜、延续、促进生长和繁殖的特征。神奇的转变和重生的位置连同地府及其居民都是由母亲掌管的。消极方面，母亲原型可能意味着一切秘密、隐藏、阴暗的事物；深渊，死亡世界，一切吞噬、诱惑、毒害、像命运一样恐怖而无法避免的事物。所有这些母亲原型的属性在我的《转变的符号》一书中已经得到了充分描述和记录。在那本书中，我用"慈爱而可怕的母亲"来总结这些属性的矛盾性。也许，我们最熟悉的母亲双重性的历史案例是圣母玛利亚。根据中世纪寓言，她不仅是主耶稣的母亲，也是他的十字架。在印度，"慈爱而可怕的母亲"是自相矛盾的迦梨（Kali）。数论哲学（Sankhya philosophy）将母亲原型阐释为自性（Prakrti，物质）概念，为它赋予了三德，即三种基本属性：善良、热情和阴暗。这是母亲的三个重要方面：关爱和养育的善良、放纵的情感、深邃的阴暗。在哲学神话中，自性在神我（Purusha）面前跳舞，以提醒它"有辨别力的知识"，这一鲜明特征属于阿尼玛（anima）原型，不属于母亲原型。在男人心中，阿尼玛起初似乎总是与母亲的意象混合在一起。

虽然出现在民间传说中的母亲形象具有一定的普遍性，但在个体心理中，母亲意象存在明显变化。在治疗患者时，你起初会被母亲明显的重要性所震撼，甚至会被它吸引。这种母亲形象在所有个人心理学中都非常重要。我们知道，即使在理论上，这些学说也从未寻找过母亲形象以外的其他重要病因。我的个人观点与其他医疗心理学理论的主要区别在于，我认为母亲只具有有限的致病意义。也就是说，文献描述的施加在孩子身上的所有影响并非来自母亲本身，而是来自投射在母亲身上的原型，这个原型为她赋予了神秘背景，使她获得了权威和超自然性[1]。母亲产生的致病性和创伤性影响必须分为两类：（1）与母亲实际拥有的性格特征或态

---

[1] 美国心理学可以为我们提供足够多的案例。菲利普·怀利（Philip Wylie）的《毒蛇的一代》是一篇关于该主题尖刻但富于教益的讽刺文章。

度相对应的影响；（2）母亲只是看上去拥有的特征的影响，现实多少是由孩子的虚幻投影（即原型投影）组成的。弗洛伊德本人已经看到，神经症的真实病因不像他起初怀疑的那样源于创伤影响，而是源于婴儿期幻想的怪异发展。这并不意味着这种发展无法追溯到来自母亲的令人不安的影响。通常，在我治病时，我首先在母亲身上寻找婴儿期神经症的原因，因为根据我的经验，孩子患上神经症的可能性远远低于正常发育的可能性。在大多数情况下，你可以在父母尤其是母亲身上找到问题的明确原因。孩子异常幻想的内容只能部分归结于他们的母亲，因为这些幻想常常含有明确无误的引喻，不可能与人类有关。在涉及明确的神话产物时，这一结论尤其明显，常见于将母亲看作野兽、女巫、幽灵、食人恶魔、阴阳人等形象的婴儿恐惧症。不过，你必须记住，这些幻想并不总是具有明确的神话来源。即使有，它们也并非永远来自潜意识原型，也可能来自童话或偶尔的评论。所以，你需要对每个案例进行充分调查。由于实际原因，对孩子的调查并不像成年人那样容易。在治疗中，成年人几乎总是将幻想转移到医生身上——准确地说，这些幻想是自动投射到医生身上的。

此时，将其看作笑谈放在一边的做法不会有任何收获，因为原型是每个人心理不可分割的资产。它们组成了康德所说的"模糊思想领域的宝藏"。对此，关于宝藏的无数神话提供了充分的证据。原型绝不仅仅是讨厌的偏见；只有在错误的地方，它才会成为讨厌的偏见。原型意象本身是人类心理中最有价值的事物，从远古时起，它们就存在于所有种族的天堂之中。将其作为垃圾丢弃的做法显然是一种损失。所以，我们的任务不是否定原型，而是消解投影，使其投射到自身以外，从而不由自主地丢掉它们的个体重新获得这些内容。

三、母亲情结

母亲原型构成了所谓"母亲情结"的基础。显然,母亲是导致母亲情结的原因。母亲情结能否在母亲不参与的情况下发展出来?这是一个悬而未决的问题。根据个人经验,我认为,母亲对于病症的产生总是扮演着积极角色,尤其是对于婴儿神经症或者明显可以将病因追溯到童年早期的神经症而言。不管怎样,孩子的本能受到了干扰,这导致了许多原型,而这些原型导致的幻想在孩子和母亲之间成为了异常且常常令人恐惧的元素。所以,如果母亲过度焦虑,孩子经常梦见母亲变成可怕的动物或女巫,这意味着孩子心理存在分裂,容易诱发神经症。

1. 儿子的母亲情结

母亲情结的影响对于儿子和女儿存在差异。对于儿子的典型影响有同性恋和唐璜综合征，有时还包括阳痿①。对于同性恋，儿子对于异性的爱以潜意识形式全部绑定在母亲身上。对于唐璜综合征，儿子在他遇到的每个女人身上潜意识地寻找母亲的影子。母亲情结对儿子的影响可以在西布莉-阿提斯式的意识形态中体现出来：自我去势，疯狂，夭折。由于性别差异，儿子的母亲情结不会以纯粹形式出现。所以，在每个男性的母亲情结中，作为男人性伴侣的阿尼玛意象和母亲原型共同扮演着重要角色。母亲是小男孩接触的第一个女性，她会情不自禁地、公开或秘密地、有意识或潜意识地挑逗儿子的男子气概，正如儿子也会日益意识到母亲的女子气质，或者潜意识地作出本能反应。所以，对于儿子，简单的认同、抵抗和分化关系不断受到情欲吸引和排斥的挑战，这使事情变得非常复杂。我不是想说，由于这个

---

① 在这里，父亲情结同样起着很大作用。

原因，儿子的母亲情结比女儿更严重。对于这些复杂心理现象的研究仍然处于起始阶段。在获得一定的统计数据之前，我们无法进行比较。到目前为止，我们看不到这方面的迹象。

只有在女儿身上，母亲情结才是清晰而简单的。此时，我们需要处理由母亲间接导致的女性本能的过度发展，或者女性本能的减弱乃至完全消失。在前一种情形中，本能的优势地位使女儿无法意识到自己的人格；在后一种情形中，本能被投射到母亲身上。目前，我们只能满足于这样一种说法：母亲情结在女儿身上会过度刺激或抑制女性本能；在儿子身上会通过不自然的性化伤害男性本能。

由于"母亲情结"是来自心理病理学的概念，因此它总是与伤害和疾病思想相联系。如果把这个概念从狭隘的心理病理学背景中抽离出来，为它赋予更加宽泛的内涵，我们就可以看到，它也有积极影响。例如，拥有母亲情结的男人可能拥有精细差异化的爱洛斯（Eros）[①]本能，而不是同性恋，或者说包括同性恋。（柏拉图在《会饮篇》中提到了类似的说法。）这使他获得了更大的交友能力，常常可以与其他男性建立极为温柔的纽带关系，甚至可能挽回看似无法挽回的异性友谊。他的女性特征可能会为他带来良好的品位和审美意识。他还可能成为极具天赋的教师，因为他拥有近乎女性的洞察力和圆滑。他或许更注重过往的经历，保守意识对他来说也更具意义，从而更加珍视过去带来的价值。他常常拥有大量宗教情感，这有助于将属灵教会变成现实；他还拥有精神感受力，这使他对于启示拥有灵敏的反应。

　　类似地，唐璜综合征虽然消极，但它的另一面是勇敢坚决的男子气概；对于最高目标雄心勃勃的追求；对于一切愚蠢、狭隘、不公和懒惰的反对；为自己眼中的正义牺牲的意愿，有时接近英雄主义；坚韧、灵活和坚强的意志；即使面对

　　[①] 爱洛斯是心理分析术语，主要指生的本能，它是一种与死的本能相对立的动机内容，包括自我本能和性本能。是一种具有创造性和建设性的积极力量。

宇宙之谜也不退缩的好奇心；以及努力为世界带来新面貌的革命精神。

所有这些可能性在前面列举的神话主题中体现为母亲原型的不同方面。我已经在其他地方讨论了儿子的母亲情结，包括混杂其中的阿尼玛意象，而这里讨论的主题是母亲原型。所以，下面的讨论将不再提及男性心理。

2. 女儿的母亲情结[①]

（1）母性元素的过度发展

我们已经说过，在女儿身上，母亲情结会导致女性过度发展或衰退。女性的过度发展意味着所有女性本能的强化，这其中最重要的是母性本能。其消极表现，可见于以生孩子为唯一目标的女人。对她来说，丈夫显然处于次要地位，丈夫

[①] 在这一节，我想提出一系列不同的母亲情结"类型"。在构想时，我参考了我自己的治疗经验。"类型"既不是个体案例，也不是适用于所有个体案例的随意杜撰的纲要。"类型"是理想实例，或者说普通经历的画面，它不会与任何个体重合。只有书本和心理实验室经验的人无法正确认识到执业心理医生积累的经验。

最重要的身份是生殖工具，她只把他看作需要照顾的对象，与孩子、穷亲戚、猫、狗和家具类似。就连她自己的人格也处于次要地位。她常常完全无法意识到这一点，因为她通过其他人生活，她的生活几乎完全等同于她所照顾的对象。她首先是生孩子，然后将他们牢牢掌握在手中。因为没有他们，她就没有任何存在的意义。和德墨忒尔类似，她倔强而坚持地强迫神赋予她对女儿的拥有权。她的爱洛斯情节完全是作为母性关系发展的，属于其个人的爱洛斯一直保持在潜意识状态。潜意识的爱洛斯总是表现为权力欲①。这种女人虽然一直"为他人而活"，但她们其实无法作出任何真正的牺牲。在无情的权力欲望驱使下，在对自己母性权利的疯狂坚持中，她们常常成功消灭自己的人格和孩子的个人生活。这种母亲对于自己人格的意识越弱，她的潜意识权力欲就越强、越猛烈。对于许多这样的女人，更合适的符号不是德墨忒尔，而是包玻（Baubo）。她们的头脑没有

---

① 这种说法基于"当爱缺乏时，权力会填补空白"的长期经验。

为了自身而得到发展，而是常常维持初始状态，非常原始、冷漠、无情，但和自然一样真实，有时和自然一样深刻①。她本人不知道这一点，因此无法感受到自身头脑的机智，无法从哲学上惊叹于其深刻性；她大概会立刻忘记她所说的话。

（2）爱洛斯的过度发展

这并不意味着母亲在女儿身上引发的情结一定会导致母性本能的过度发展。相反，母性本能可能会被彻底消除。取而代之的是爱洛斯会过度发展，而这几乎总会导致与父亲的潜意识乱伦关系②。这种得到强化的爱洛斯特别关注其他人的人格。对于母亲的嫉妒和超越母亲的愿望成为了女儿随后行为的主题，这常常是灾难性的。这种女人喜欢浪漫而富于感性的经历，对已婚男人感兴趣，这种兴趣主要不是在于男人本身，而是在于他们已婚的事实，因为她有机会毁掉一段婚姻，

---

① 在我（私下举办的）英语研讨会上，我称之为"自然头脑"。

② 在这里，女儿是主动一方。其他时候，需要负责的是父亲的心理，他的阿尼玛投影引发了他对女儿的乱伦式喜爱。

这是她行动的唯一目的。一旦达到目标,她的兴趣会由于缺乏一切母性本能而消失。然后,她会转向另一个人①。这种类型明显具有潜意识特点。这种女人似乎完全不知道她们在做什么②,这对她们自己和受害者没有任何好处。显然,对于拥有被动爱洛斯的男人来说,这种女人可以很好地吸引他们将阿尼玛情愫投射到她们身上。

(3)对母亲的认同

如果女人的母亲情结没有导致爱洛斯过度发展,它会导致对母亲的认同和女儿女性主动性的瘫痪。然后,她的人格会完全投射到母亲身上。因为她既没有意识到她的母性本能,也没有意识到她的爱洛斯。一切使她想到母性、责任、人际关系和情欲要求的事情都会使她产生自卑感,这些会迫使她逃跑——自然是逃向她的母亲,后者完美地拥有女儿看似无法拥有的一切。母亲作为

---

① 这是这种情结和类似的女性父亲情结的差异。在后一种情形中,"父亲"会受到宠爱和娇惯。

② 这并不意味着她们对于事实没有意识。她们没有意识到的是她们的意图。

女强人（受到女儿不由自主的羡慕），事先为女儿处理好了她本该自己处理的一切。她满足于这种依附于母亲的状态。母亲无私地照顾女儿，同时潜意识地压制她，这几乎与她的意愿相悖。自然，这种压制戴着彻底忠诚和奉献的面具。女儿生活在阴影里，常常明显被母亲榨干，她用某种持续"输血"延续了母亲的生命。不过，这些失血少女不会对婚姻免疫。相反，虽然她们朦胧而被动，但她们在婚姻市场上很抢手。首先，她们就像白纸一样单纯，男人可以随意灌输他们的一切幻想。而且，她们的潜意识程度很高，这种潜意识释放出了无数无形的触角，就像章鱼的触角一样，可以吸引所有男性投影，使男人非常受用。所有这些女性不确定性是男性决断和专注的理想搭配，只有男人将所有疑惑、含混、模糊和困惑投射到某个具有魅力的天真女性身上，并且摆脱这些疑惑、含混、模糊和困惑，他才能圆满获得决断力和专注力[1]。由于女人的被动特点和自卑感，由于

---

[1] 这种女人可以使丈夫神奇地消除敌意，直到他发现，他所娶的、和他同睡一张婚床的人其实是他的岳母。

她不断假装自己是受到伤害的无辜者，男人发现自己扮演了很有吸引力的角色：他有权像真正的骑士一样，用真正的优越感和宽容去忍受他所熟悉的女性弱点。（幸运的是，他一直不知道，这些缺陷在很大程度上是由他自己的投影组成的。）女孩标志性的无助感具有特殊的吸引力。她在很大程度上是母亲的附属品。当男人靠近她时，她只能困惑地扇动翅膀。她一无所知，极其缺乏经验，需要帮助，就连最温柔的情郎也会成为大胆的劫匪，残暴地将女儿从疼爱她的母亲身边抢走。这种扮演浪荡公子的绝佳机会不会天天出现，因此是一种很强的激励。这就是普路托（Pluto）抢走珀耳塞福涅（Persephone），使德墨忒尔悲痛万分的原因。不过，根据众神的判决，普路托必须每年夏天把妻子还给岳母。（细心的读者会发现，这些传说不是凭空出现的！）

（4）对母亲的抵抗

这三种极端类型由许多中间阶段联系在一起。其中，我只提及一个重要例子。对于我想到的这种中间类型，主要问题不是女性本能的过度发展和抑制，而是对于母性权威的全面抵制，这种抵制常常会使女儿接纳其他一切事情。这是消极母亲情结的绝佳案例。这种类型的格言是：只要不像母亲，怎么都行！一方面，女儿对母亲的喜爱永远无法达到认同地步；另一方面，爱洛斯的强化会消耗在嫉妒的抵制中。这种女儿知道她不想要什么，但是通常完全不知道她想选择怎样的命运。她的一切本能集中在对母亲的消极抵制中，因此无法帮助她打造自己的生活。如果她走到结婚这一步，那么这种婚姻的唯一目的就是逃离母亲；她也可能遇到和母亲拥有相同本质人格特征的丈夫，陷入可怕的命运。此时，所有本能过程都会遇到难以预料的困难：她无法进行正常的性行为，不喜欢孩子，无法忍受母亲的职责，或者用不耐烦和愤怒来应对婚姻生活的要求。这很自然，因为它们与她的生活现实没有任何关系，她以各种形式对于母亲权威的坚决抵制才是她人生最重要的目标。在这种情况下，你常常可以看到母亲原型的特征体现在各种细节中。例如，作为家庭代表（或宗族代表）的母亲会导致女儿对于可以归入家庭、社区、协会、大会等类别的一切事物的暴力阻止或彻底冷漠。对于母亲子宫特征的抵制常常表现为月经紊乱、不孕、怀孕恐惧症、孕期出血和过度呕吐、流产等。对于母亲物质属性的抵制可能导致这些女人对于物体缺乏耐心,无法灵活使用工具和餐具,衣着品位不佳。

此外,对于母亲的抵制有时还会导致智力的自我发展,以创造母亲没有涉足的兴趣领域。这种发展源于女儿自身的需要,并不是为了通过共同的学术兴趣吸引男人,给他们留下深刻印象。她们的真正目的是通过学术批评和优越的知识打破母亲的权威,向她列举她的各种愚蠢、逻辑错误和教育缺陷。一般而言,女儿的智力发展常常伴随着男性特征的出现。

四、母亲情结的积极方面

1. 母亲

第一种情结是母性本能的过度发展,它的积极方面与受到所有时代和所有语言赞美的著名母亲意象相同。这是母爱,是生活中最令人感动、最难忘的记忆之一,是一切发展变化的神秘根源;这种爱意味着回家、避难所,以及作为一切事物起点和终点的漫长沉默。生命的提供者亲密而熟悉,却像自然一样陌生;亲切而温柔,却像命运一样残酷;快乐而不知疲倦——它既是悲伤的母亲,又是对死者关闭的沉默而不可改变的大门。母亲就是母爱,它是我的经历和秘密。我们的母亲为我们带来了包括她自己、我们自己、一切人类乃至整个大自然的伟大人生经历,我们是她的孩子。对于这个偶然承载了这些身份的人，为什么要说出那么多虚假、不恰当、无关紧要的话语呢？人们一直试图说出这样的话语，未来很可能也将如此。不过，敏感的人无法公平地将这个意义、责任、职责、天堂和地狱的巨大负担强加在母亲身上。她是一个脆弱的人，会犯错误，非常值得关爱、宽容、理解和原谅。敏感的人知道，对我们来说，母亲天生具有自然母亲和精神母亲的意象，我们只是其完整生命中一个渺小无助的组成部分而已。在为人类母亲解除这种可怕负担时，我们不应该有片刻的犹豫，这既是为了她，也是为了我们自己。正是这种巨大的意义重量将我们与母亲捆绑在一起，将她与她的孩子连在一起，对双方造成身体和精神上的伤害。我们不能通过将母亲盲目降格为普通人来摆脱母亲情结。而且，我们可能会把"经历之母"分解成原子，从而摧毁极为珍贵的事物，将美妙的童话放在我们摇篮里的金钥匙扔掉。所以，人类总是本能地在个人父母之外添加事先存在的神圣一对——即新生儿的教父和教母——这样一来，通过单纯的潜意识或短视的理性主义，人们永远不会忘记自己，至少会为自己的父母赋予神圣性。

原型远非科学问题，它是迫切的心理卫生问题。即使缺少证明原型存在的所有证据，即使世界上所有聪明人宣称原型不可能存在，我们也需要将其发明出来，以免我们最高、最重要的价值观消失在潜意识中。这是因为，当它们落入潜意识中时，原始经验的所有基本力量都会消失。之后，取代它的是对于母亲意象的依恋。当这一点得到充分合理化和"纠正"时，我们被牢牢绑定在人类理性上，从此注定会仅仅相信理性事物。这一方面是美德和优势，另一方面也是局限和贫乏，因为它使我们更加接近晦暗的教条主义和"启蒙"。理性女神发出欺骗的光芒，只照亮我们已经知道的事情，但却使我们最需要知道和意识到的所有事情笼罩在黑暗中。"理智"看上去越独立，就越容易转变成纯粹理性，用教条取代现实，它向我们展示的不是真实的人，而是它想让人具有的形象。

不管人是否理解，他都必须维持对于原型世

界的意识，因为在那里，他仍然是自然的一部分，与他自己的根源相联系。将他与生命原始意象割裂开的世界观和社会秩序观不仅完全不是文化，而且会日益成为监狱和马厩。如果原始意象以某种形式维持有意识状态，属于它们的能量就可以自由流动到人身上。不过，当他无法和它们保持接触时，存储在这些意象中的巨大能量就会退回到潜意识中，这些能量也是婴儿期父母情结的魅力来源。接着，这种潜意识会带有一种力量，成为无法抵挡的推力，使我们通过智力选择的任何观点、思想或趋势，迷人地悬荡在欲望之眼的前方。这样一来，人会被推到意识一边，理智会成为对错和善恶的仲裁者。我并不想贬低理智这一神圣天赋，它是人类的最高才能。不过，在绝对暴君的位置上，它是没有意义的，正如光明在没有黑暗的世界上是没有意义的。人最好留意母亲的忠告，遵守为万物施加限制的自然铁律。他永远不应该忘记，世界之所以存在，完全是因为对立力量处于平衡状态。所以，理性与非理性相平衡，规划和目标与现实相平衡。

这段对于普遍性的讨论很有必要，因为母亲是孩子的第一个世界，是成年人的最后一个世界。作为她的孩子，我们都被包裹在伟大女神伊西斯（Isis）的斗篷里。现在，让我们回到女性母亲情结的不同类型上。和男性相比，我花在女性母亲情结上的篇幅要长得多，这似乎很奇怪。我已经提到了这样做的原因：对于男人，母亲情结永远不是"纯粹"的，总是混杂着阿尼玛原型，因此男人对于母亲的陈述总是存在情感偏向，表现出"阿尼玛性"。只有在女人身上，你才能考察没有混杂阿尼玛性的母亲原型的影响。而且，只有当她们没有发展出补偿性的阿尼姆斯（animus）时，你才有可能取得成功。

2. 过度发展的爱洛斯

当我们在心理病理学领域讨论这种类型时，我对它作出了非常不利的描述。虽然这种类型看上去缺乏吸引力，但它也有社会不可缺少的积极方面。这种态度最糟糕的影响就是不道德地破坏婚姻。实际上，在它背后，我们可以看到自然极其重要的针对性安排。这种类型的出现常常是为了应对全面控制她的母亲，母亲的这种控制完全出于本能，因此会吞噬一切。这种母亲具有返祖现象，具有母系社会的原始状态。在母系社会里，男人的存在感很弱，仅仅是生殖者和耕地农奴而已。女儿爱洛斯的反应性强化针对的是，某个应该从女性母性元素占优势的生活中被解救出来的男人。如果这种女人被婚姻伴侣的潜意识激怒，她会本能地进行干预。她会打破对于男性人格非常危险的舒适安逸，但他常常会将其看作对于婚姻的忠诚。这种自满会导致他对于自身人格的彻底潜意识，并导致那种所谓的理想婚姻，即他的身份只是爸爸，她的身份只是妈妈，他们甚至会用这种称谓来称呼对方。这是一条下坡路，很容易使婚姻沦落到育种栏的水平。

这种女人将爱洛斯的灼热光线投向个人生活被母亲关怀抑制的男人身上，并因此引发道德冲突。如果没有这种冲突，他就不会有人格意识。"不过，"你可能会问，"男人为什么需要千方百计获得更高的意识水平呢？"这的确是关键问题，我很难回答。我无法给出真正的回答，只能承认我的信念：我相信，在遥远的未来，会有人意识到，这个由山脉和海洋、太阳和月亮、星系和星云、植物和动物组成的神奇世界是存在的。我曾经站在东非阿西平原的一座小山上，观察巨大的野生动物群静止无声地吃草。它们从亘古以来一直如此，仿佛只被史前世界的气息触动过。当时，我感觉自己仿佛是第一个认识到这一点的人和生物。我周围的整个世界仍然处于原始状态；它并不知道自己过去的状态。接着，在我意识到这一点的那一刻，世界获得了存在；没有那一刻，世界永远不会存在。所有自然都在寻求这一目标，它在人身上得以实现，但这仅限于发展水平最高、意识最全面的人。这条意识觉醒道路上的每一步都会为世界带来同样的进步，不管这种进步多么细微。

没有对立事物的区分，就没有意识。这是父性原则，即逻各斯（Logos），它一直在努力从母性子宫的原始温暖和原始黑暗中解脱出来；简而言之，就是从潜意识中解脱出来。神圣的好奇渴望降生，并不畏惧冲突、痛苦和罪恶。对逻各斯来说，潜意识是原始罪恶，是邪恶本身。所以，它的第一个创造性解放行为就是弑母。正如席尼西斯（Synesius）所说，挑战一切高山和深谷的灵魂一定会遭受神的惩罚，会被束缚在高加索山上。没有对立面，一切都无法存在；二者起初为一，最终也会为一。意识只能通过对潜意识的持续认识而存在，正如所有生物一定会经历许多死亡。

冲突的激发是名副其实的美德。冲突会产生火焰，即情感和情绪之火。和其他所有火焰类似，它也有两面，即燃烧的一面和发光的一面。一方面，情感是炼金术之火，其温暖使万物显现，其热量将一切多余事物烧成灰烬。另一方面，情感是钢铁和火石相遇并击出火星的时刻，因为情感是意识的主要来源。没有情感，黑暗就不会变成光明，静止就不会变成运动。

除了病理学案例，命运变得令人烦恼的女人不只具有破坏性。通常，干扰者本人也会受到干扰。改变的促成者本人也会被改变，她所点燃的火焰会照亮和启发所有受到牵连的受害者。看似毫无意义的动荡会成为一种净化过程：使所有空虚事物逐渐减少。①

如果这种女人一直意识不到她的功能意义，如果她不知道她是既能作恶又能行善的力量的一部分②，她就会死于自己的剑下。不过，意识会使她转变成救助者和救赎者。

3. "白纸"女儿

第三种女人非常认同母亲，自己的本能会由于这种认同投射而瘫痪。她不一定就此永远维持这种缺乏现实的无望状态，相反，如果她比较正常，她的空白容器完全有可能被有力的阿尼玛投影填充。实际上，这种女人的命运取决于这种可能性；没有男人的帮助，她永远找不到自己，甚至不能粗略找到自己；她必须真正被男人从她母亲身边抢走或偷走。而且，她必须长期努力扮演别人为她安排的角色，直到她产生厌恶情绪。这

---

① 《浮士德》，第二部分，第五幕。
② 《浮士德》，第一部分，第一幕。

样一来，她也许可以发现自己到底是谁。如果这种女人的丈夫将职业或过人才能，作为生活的全部，对于其他方面一直没有意识，她们可能会成为忠诚和自我牺牲的妻子。由于她们的丈夫自身只是面具，因此妻子也必须看似自然地扮演陪伴角色。这些女人有时拥有宝贵天赋，这些天赋之所以一直没有得到发展，完全是因为她们丝毫没有意识到自己的人格。她们可能会把天赋和才能投射到缺少这种才能的丈夫身上。此时，我们会看到奇特的现象：看似没有任何机会、完全不重要的男人会突然像坐着魔毯一样冲上成就的最高峰。只要找到这个女人，你就找到了他的成功秘密。请原谅我使用失礼的比喻——这些女人使我想到了体格强壮的母狗，它们会在最小的野狗面前摇尾巴，因为它是可怕的雄性，它们从未想过要去咬它。

最后，我应该说，空虚是女性的巨大秘密。它是男人完全陌生的事物；是深坑，是无底洞，是阴。这种空虚无实体性的可怜，会触动男人的心；我很想说，这构成了女人的全部"神秘"之处。这种女性是命运本身。男人可能会说出它吸引他的地方；他可能喜欢它，讨厌它，或者既喜欢又讨厌它；最终，他会愚蠢而快乐地落入这个陷阱，否则就会错过或浪费使自己成为男人的唯一机会。在第一种情形中，你无法反驳他愚蠢的幸运；在第二种情形中，你无法证明他的不幸。"母亲啊，母亲啊，听上去多么可怕啊！①"这种叹息总结了男性面对母亲领域时的束手无策。下面，我们转向第四种类型。

4. 消极母亲情结

作为病理现象，这种类型的伴侣对于丈夫来说讨厌而苛刻，一点也不令人满意，因为她身上的每一根纤维都在反抗一切源于自然土壤的事物。不过，日益增长的人生经历完全可以教会她一些事情。所以，她首先会放弃在个人和严格意义上对母亲的对抗。不过，即使在最好的时候，她也对一切阴暗、模糊、含混的事物持续保持敌意，

---

① 《浮士德》，第二部分，第一幕。

培养和强调一切明确、清晰、合理的事情。她在客观冷静的判断上胜过更具女性色彩的姐妹,可以成为丈夫的朋友、姐妹和称职的顾问。她自身的男性抱负使她可以超越情欲,从人性角度理解丈夫的个体性。拥有这种母亲情结的女人很可能最有机会在后半生获得极为成功的婚姻。不过,只有成功摆脱"除了女性什么都行"的地狱,摆脱母性子宫的混沌,即源于她负面情结的最大危险,她才能做到这一点。我们知道,只有在生活中彻底摆脱某种情结,你才能真正将其克服。换句话说,要想进一步发展,我们需要将我们由于这些情结而远离的事物拉到身边,将其一滴不剩地喝进肚里。

这种人起初转过脸去,不看世界,就像罗得(Lot)的妻子回望索多玛和蛾摩拉一样。在这段时期,世界和人生的流逝对她来说就像梦境一样——它是幻觉、失望和愤怒的讨厌来源,它们完全源于她一直无法直视前方的事实。由于她对于现实只抱着潜意识的反应式态度,因此她的生活实际上被她最想对抗的事物即纯粹的母性和女性特征所控制。如果她后来转过脸来，她就会第一次以成熟的眼光观察世界，看到世界上的所有色彩，青春迷人的奇迹，有时甚至可以看到童年的奇迹。这种视角可以带来知识和真理，它们是意识不可缺少的前提条件。她失去了一部分生活，但却获得了生活的意义。

对抗父亲的女人仍然可能过上本能、女性的生活，因为她只排斥她眼中的陌生事物。不过，当她对抗母亲时，她可能会冒着伤害本能的风险获得更大的意识，因为在拒绝母亲时，她也拒绝了自己本性中所有朦胧、本能、模糊、潜意识的事物。由于她的清醒、客观和男子气概，这种女人常常出现在重要位置上。在那里，在冷静智慧的引导下，她那后知后觉的母性特征可以产生最为有利的影响。事实证明，这种女性气质和男性理解的罕见组合在亲密关系和实际事务中非常宝贵。作为男人的精神向导和顾问，这种女人可能会在暗中扮演极具影响力的角色。由于她的特点，男人觉得这种女人比拥有其他母亲情结的女人更容易理解。所以，男人常常会用积极的母亲情结的投影来取悦她。对于拥有极具敏感性的母亲情结的男人来说，拥有过多女性气质的女人是可怕的。不过，这种女人对男人来说并不可怕，因为她为男性头脑搭建了桥梁，使他可以将他的情感安全地送到对岸。她的清晰理解可以激励他的信心，这一因素不应被低估，它在男女关系中的缺失比你想象的要频繁得多。男人的爱洛斯并不总是上升的，它也会下降，进入赫卡特（Hecate）和迦梨的离奇阴暗世界，这对任何理智的男人都是可怕的事情。这种女人拥有的理解会成为他在黑暗中和看似没有尽头的人生迷宫中的指路明灯。

五、总结

根据上述讨论，你应该清楚，归根结底，在去除混乱的细节后，关于这一主题的所有神话陈述和母亲情结可以观察到的影响源于潜意识。如果人类自身没有类似的原型划分，没有有意识与无法观察和了解的潜意识的两极划分，他又怎么会根据白天和黑夜、夏季和冬季，将宇宙划分为明亮的白昼世界和充满神话妖怪的黑暗夜晚世界呢？原始人对于事物的感知只受到了事物本身客观行为的部分影响，更大的影响常常来自仅仅通过投影与外部事物建立联系的内心事实。这是因为，原始人还没有经历被我们称为知识批判的清苦头脑纪律。对他来说，世界多多少少是他个人幻想溪流中的流动现象。在这种溪流中，主体和客体没有区别，处于相互渗透状态。我们可以像歌德那样说,"所有外部事物也是内心事物"。现代理性主义急于从"外部"推导出这种"内心",它拥有自己的先验结构,先于一切有意识经历。在这方面,你完全无法想象,最具宽泛意义的"经历"或者一切心理怎么会完全起源于外部世界。心理是生命最隐秘的谜团之一。和其他所有有机组织类似,它拥有自己的独特结构和形式。这种心理结构及其元素即原型究竟有无"起源"?这是一个形而上学问题,因此无法回答。这个结构是既定事物,是存在于所有情形中的前提条件。它是母亲,是母体——是承载所有经历的模具。另一方面,父亲代表了原型的动态性,因为原型既包含形式,又包含能量。

原型的承载者最初是个人的母亲,因为孩子最初在她的完全参与下生活,处于潜意识身份状态。她是孩子心理和身体上的前提条件。随着自我意识的觉醒,这种参与逐渐减弱,意识开始来到其前提条件即潜意识的对立面。这导致自我与母亲的分化,后者的个人特征逐渐变得更加明显。与她的意象相联系的所有优秀神秘特征开始消逝,被转移到与她最接近的人身上，比如外祖母。作为母亲的母亲，外祖母比母亲更"伟大"；她是事实上的"伟大母亲"或"大母神"。她常常具有智慧属性和女巫属性。这是因为，原型越是从意识中隐退，意识越清晰，原型的神话特征就越明显。从母亲到外祖母的转移意味着原型被提升到更高的级别上。巴塔克人的观念清晰表明了这一点。纪念亡父的葬礼祭品很普通，由普通食物组成。不过，如果儿子自己也有儿子，父亲就会成为祖父，因此在阴间拥有更加尊贵的地位，他会得到非常重要的祭品[1]。

随着有意识和潜意识的进一步分化，外祖母更加高贵的地位会将她转变成"大母神"，这一意象包含的对立内容常常会分裂。接着，我们会得到善良的仙女和邪恶的仙女，或者善良的女神和恶毒危险的女神。在西方和东方的古代文化中，这种对立性格常常存在于同一个人物身上，但是这种矛盾并没有使原始人感到任何不安。关于众

---

[1] 瓦内克（Warnecke），《巴塔克人的宗教》。

神的传说和他们的道德品质一样充满矛盾。在西方，众神矛盾的行为和道德甚至引起了古人的反感，引发了批评，最终导致奥林匹斯山众神地位的下降，并导致了他们的哲学诠释。其中，最清晰的表述是基督教对于犹太教上帝概念的改进：具有道德模糊性的耶和华成了只具有善良性格的上帝，一切邪恶性格都被集中到了魔鬼身上。西方人感觉功能的发展似乎迫使他作出选择，导致神性道德一分为二。在东方，占据主导地位的直觉理智态度没有为感觉价值留下任何空间，众神——比如迦梨——得以将最初的道德矛盾性保留下来。所以，迦梨是东方的代表，玛利亚是西方的代表。玛利亚已经完全摆脱了在中世纪寓言中仍然在远远追随她的阴影。这个阴影被分给了大众想象的地狱。现在，作为魔鬼的祖母，它只具有次要地位。由于感觉价值的发展，"光之上帝"的光辉地位得到了极大提高，但本应由魔鬼代表的黑暗集中到了人类身上。这种奇特发展的主要原因在于，在摩尼教二元论的威胁下，基督教试图通过主流力量维持一神论。不过，由于黑暗和邪恶的现实无法否认，因此他们别无选择，只能让人类为此负责。就连魔鬼也在很大程度上被取消，甚至被完全消除，导致这个曾经是上帝组成部分的形而上学人物融入人类，使人类成为神秘邪恶的实际承载者："一切善来自上帝，一切恶来自人。"最近，这种发展经历了邪恶的反转，披着羊皮的狼现在开始在我们耳边悄声说，邪恶其实是对善良的误解，是有效的进步手段。我们认为，黑暗世界会就此永远消失，没有人会意识到它对人的灵魂具有怎样的毒害。通过这种方式，他将自己转变成了魔鬼，因为魔鬼是某个原型的一半，这个原型难以抵挡的力量甚至会使异教徒在所有合适和不合适的场合喊出"哦，上帝！"如果你能避免这件事，你永远不应该认同原型，因为正如心理病理学和某些当代事件显示的那样，其后果非常可怕。

西方人在精神上堕落到了很低的水平，甚至需要否认没有驯服和无法驯服的心理力量顶峰——即神本身——以便在吞下邪恶以后能够同时拥有善良。如果你从心理学视角认真阅读尼采的《查拉图斯特拉如是说》，你就会看到，尼采用罕见的一致性和宗教人士的真正热情描述了"超人"的心理。对于超人来说，上帝已死，他自己也被击为碎片，因为他试图将神圣悖论囚禁在凡人的狭隘框架里。歌德明智地指出："那么，怎样的恐惧会攫住超人呢？"对此，庸人报以傲慢的微笑。他对于将天后和埃及玛利亚包括在内的伟大母亲形象的赞美极具智慧，对于任何愿意反思的人都具有深刻意义。不过，在基督教官方发言人公开宣布他们无法理解宗教经历基础的时代，你又能指望什么呢？我从一位新教神学家的文章中摘录了下面这句话："不管是从自然主义还是理想主义角度看，我们都认为，正如《新约》所说，我们是没有特别分化的同类生物，因此外部力量无法干预我们的内心生活。[1]"这位作者显然不知道，科学已经在半个多世纪前指出了意识的不稳定性和可分离性，而且通过实验证明了这一点。我们的有意识意图一直在多多少少受到潜意识的

---

[1] 布里，《神学与哲学》，第117页。引自鲁道夫·布尔特曼（Rudolf Bultmann）。

入侵，后者具有干扰和阻碍作用，我们起初对其原因感到陌生。心理远非同质单元——相反，它是沸腾的大锅，里面装满了相互矛盾的冲动、抑制和影响。对许多人来说，它们之间的冲突令人难以忍受，他们甚至盼望神学家拯救他们。拯救他们脱离什么呢？当然是很成问题的心理状态。意识或者所谓人格的统一性根本不是现实，而是理想。我仍然清晰记得，某位同样赞美这种统一性的哲学家过去常常就他的神经症向我咨询：他坚持认为，他患上了癌症。我不知道他已经咨询了多少专家，照了多少X光片。他们向他保证，他没有癌症。他亲口对我说："我知道我没有癌症，但我仍然有患上癌症的可能。"谁应该为这种"虚幻"想法负责呢？这种想法当然不是他自己产生的，而是外部力量强加给他的。这种状态和执着于《新约》的状态没有什么区别。你相信空气中的魔鬼也好，相信对你恶作剧的潜意识因素也罢，在我看来，它们都是一样的。不管怎样，人类想象的统一性受到了外部力量的威胁。神学家最好考虑一下这些心理学事实，而不是继续用落后时代100年的理性主义解释来消除它们的神话色彩。

我已经试着总结了可以归结为母亲意象主导地位的心理现象。虽然我没有时刻关注它们，但是读者大概很容易识别神话中的这些大母神特征，即使它们以人格心理学的伪装出现。当我们要求受到母亲意象特别影响的患者用语言和图画表述"母亲"对他们的意义时——不管是积极意义还是消极意义——我们总会得到与神话中母亲意象存在直接联系的符号形象。这些联系将我们引入了仍然需要大量阐释的领域。不管怎样，我本人无法对其作出任何明确陈述。下面，我要冒昧地提出一些观点，它们仅仅是临时的试探性说法而已。

首先，我想指出，男人心中的母亲意象在性格上与女人完全不同。对女人来说，根据她的性别，母亲象征了她自己的意识生活。对男人来说，母亲象征着他还没有经历过的某种陌生事物，这种事物充满了潜藏在潜意识中的意象。如果没有其他原因的话，这就是男人的母亲意象与女人的存在本质区别的原因。对男人来说，母亲从一开始就有明确的符号意义，这大概可以解释他将母亲理想化的强烈倾向。理想化是隐性的驱邪；每当一个人需要驱除秘密恐惧时，他就会将其理想化。他所恐惧的是潜意识及其神奇影响①。

对男人来说，母亲是符号事实。对女人来说，只有在她的心理发展过程中，母亲才会成为符号。经验揭示了惊人的事实：乌拉尼亚型的母亲意象在男性心理中占据主导地位②，而对女人来说，阴暗类型或者说大地母亲最为常见。对女人来说，在原型的显现阶段，会出现几乎完全的认同。女人可以直接认同大地母亲，男人却不能（除了精神病患者）。正如神话显示的那样，大母神的一个特点在于，她常常和男性同伴共同出现。所以，男人会认同索菲亚宠爱的儿子情人，认同永恒少年或智慧之子。阴暗母亲的同伴完全相反，他是指赫尔墨斯（埃及贝斯）或林伽（lingam）。在印度，林伽符号具有最高的精神意义。在西方，

---

① 显然，女儿也可以将母亲理想化，但这需要特殊条件，男人的理想化则几乎是常态。

② 乌拉尼亚是掌管天文的女神。

赫尔墨斯是希腊化融合时期最为矛盾的人物之一。希腊化融合时期是西方文明极为重要的精神发展来源。赫尔墨斯也是启示神。在中世纪早期的非官方自然哲学里，他不亚于创造世界的努斯（Nous）本身。《翠玉录》对于这种神秘性的表述也许是最精致的："上方之物正如下方之物。"

一个心理学事实是，当我们接触这些认同时，我们会立刻进入阴阳领域。阴阳是一对矛盾，二者永远密不可分。这是一个个人经验领域，它会直接导致个体化经历，即自性的获得。你可以在西方中世纪文献中找到这一过程的许多象征，甚至可以在东方智慧宝库中找到更多象征。不过，在这件事情上，语言和思想的重要性很小。实际上，它们可能带你进入危险的歧途和虚假的小路。可以说，在这个仍然很模糊的心理经验领域，我们正在直接接触原型。我们可以充分感受到它的心理力量。这个领域完全由亲身经历组成，无法用任何公式概括，只能向已经知道它的人暗示。他无须解释就可以理解阿普列乌斯（Apuleius）在对天后的精美祷文中表述的矛盾。在祈祷中，阿普列乌斯将"神圣维纳斯"与"用午夜嚎叫散布恐惧的普洛塞庇娜（Proserpina）"相联系[1]，这是原始母亲意象的可怕悖论。

在我1938年首次撰写这篇文章时，我自然不知道，12年后，基督教版本的母亲原型会上升为教条的真理。基督教"天后"显然摆脱了奥林匹斯山诸神的所有特点，除了光明、善良和永恒；就连她最容易遭到严重物质腐化的肉身也具有了超凡的不朽性。不过，上帝母亲极具多样性的寓言与她的异教原型伊西斯（伊俄）和塞墨勒（Semele）保留了一些联系。不仅伊西斯和孩提时的荷鲁斯（Horus）是圣母和圣婴的形象模板，就连狄俄尼索斯（Dionysus）最初的凡人母亲塞墨勒的飞升也预示了圣母玛利亚的升天。而且，塞墨勒的儿子是死后复活的神，是奥林匹斯山众神中最年轻的一个。塞墨勒本人似乎做过大地女神，正如圣母玛利亚是基督诞生的土壤。不过，心理学家自然遇到了一个问题：母亲意象与

---

[1] 参考《转变的符号》，第99页。

拥有动物热情和本能天性的肉身人类世俗、阴暗、糟糕的一面乃至一般"物质"的独特联系发生了怎样的变化？当这种教义得到宣布时，科学技术成就连同理性主义和唯物主义世界观对于人类的精神和心理遗产产生了威胁，可能会将其迅速消灭。在可怕而迷人的恐惧中，人类在武装自己，准备犯下巨大的罪行。人们很容易为了合法的自我防御而不得不使用氢弹，做出难以想象的可怕行为。与这种灾难性事态发展形成鲜明对比的是，上帝之母如今在天堂登基了；实际上，她的升天被解读为故意对抗导致阴暗力量反叛的唯物教条主义。正如基督出现的那一天使原本住在天堂里的上帝之子变成了真正的魔鬼和上帝的对手，现在，反过来，一个神圣人物从她最初的阴暗领域分裂出来，以对抗世俗和阴间释放出来的巨大力量。正如上帝之母摆脱了所有基本物质属性，物质也变得与灵魂完全分离开来。此时，物理学的发展方向是，如果人们没有完全将物质"去物质化"，他们至少为它赋予了自己的属性，使它与精神的关系成为了无法继续束之高阁的问题。这是因为，正如科学的巨大进步起初导致了心灵的提前废黜和同样缺乏考虑的物质神化，科学知识现在也同样希望弥合两种世界观之间的巨大鸿沟。心理学家倾向于在升天的教义中看到在某种意义上预测整个发展的象征。对他来说，与世俗和物质的关系是母亲原型不可分割的性质之一。所以，当体现这种原型的人物被表示为升上天堂即精神领域时，这意味着尘世和天堂的结合，或物质和精神的结合。自然科学几乎一定会走向另一个方向：它将在物质之中看到精神的等价物，但是这种"精神"看上去将摆脱所有或者至少大部分已知属性，正如世俗物质在进入天堂时会摆脱所有具体特征。不过，两种原则的统一障碍将逐渐得到清除。

具体来看，升天与唯物主义是完全对立的。从这种意义上说，升天的反击完全没有减轻二者的对立，反而使这种对立走向极端。

不过，从符号角度看，肉体的升天是对物质的认可和承认，而物质最终被等同为邪恶，这仅仅是因为人类过度的属灵趋势。精神和物质本身是中性的，或者说拥有"双重能力"，即人类所说的善与恶的能力。虽然它们的名称极具相对性，但它们本质上是组成物理和心理世界能量结构的非常真实的对立事物。没有它们，任何存在都无法建立。任何正面都有反面。虽然或者说正是因为它们的极端对立性，二者都无法脱离对方存在。正如中国经典哲学所说，阳（光明、温暖、干燥、男性本体）中有阴（阴暗、寒冷、潮湿、女性本体），阴中有阳。所以，物质中包含了精神的种子，精神中包含了物质的种子。久为人知的"同步"现象显然体现了这一点。现在，莱恩（Rhine）的实验[①]已经从统计学上证明了同步现象。物质的"心理化"质疑了精神的绝对非物质性，因为精神会被赋予某种实体性。升天的教义是在史上最大的政治分裂时代提出的，是一种补偿现象，反映了科学争取统一世界图景的努力。从某种意义上说，这两种发展得到了炼金术中对立事物神圣婚姻的预测，但这只具有符号形式。

---

① 参考我的《同步性：非因果关联原则》。

不过，符号拥有巨大优势，可以将异构甚至无法比较的因素统一在单一意象中。随着炼金术的衰落，精神和物质的符号统一性瓦解了，其结果是，现代人在失去灵魂的世界上没有了根基，遭到了异化。

炼金术师在树木符号中看到了对立事物的统一。现代人在世界上不再感到自在，既不能将自己的存在依托于已经逝去的过往，又不能依托于遥远未来。他们的潜意识应该回溯到根植于这个世界、向天堂生长的宇宙树符号——这棵树也代表了人，这并不令人吃惊。在符号历史中，这棵树被描述为生活方式本身，朝着永恒存在、不会改变的事物生长；这个事物源于矛盾的统一，通过其永恒存在也使这种统一成为可能。看起来，只有通过经历符号现实，徒劳寻找自身"存在"并从中提炼哲学的人才能返回不再使自己成为陌生人的世界。

第 二 章

关于重生

这篇文章是我在1939年爱诺思会议上一时兴起发表的演讲内容。在将其整理成文字时，我参考了此次会议的速写笔记。我需要略去部分内容，这主要是因为，书面文本的要求与发言是不同的。不过，我尽量保持了最初的想法，即总结我关于重生主题的演讲。我还努力再现了我对于《古兰经》第十八章的分析，作为重生之谜的案例。我添加了一些原始材料出处，以方便读者。我的总结目的仅仅是审视一个知识领域，我只能在演讲框架下非常肤浅地对其进行讨论。

第一部分简单总结了重生的不同形式。第二部分介绍了它的各种心理类型。第三部分提到了来自《古兰经》的重生之谜案例。

一、重生的形式

在使用重生一词时，人们所表述的概念并不总是相同的。由于这个概念涉及许多方面，我也许应该考察一下它的不同含义。如果你想了解得更加详细，你大概可以加上我要列举的五种不同形式，但是根据我的拙见，我的定义至少覆盖了重生的基本含义。

1. 轮回

在我想强调的五种重生形式中，首先是轮回，即灵魂转生。根据这种观点，通过经历不同身体存在，一个人的生命可以在时间上延长；从另一种角度看，它是被不同化身打断的生命序列。这种教义在佛教中特别重要。佛陀本人经历了很长的重生序列。不过，即使在佛教中，人格连续性能否得到保证的问题也并不清晰：得到延续的也许只有业力（karma）。佛陀的门徒在他在世时向他提出了这个问题,但他从未明确指出人格连续性是否存在[①]。

2. 化身

这种重生概念必然意味着人格连续性。在这里,我们认为人格是连续的,可以得到记忆。所以,当一个人化身或出生时,他可以或者至少有可能回忆起他经历过之前的存在,这些存在是他自己的,即它们和当前生命拥有相同的自我形式。通常,化身意味着以人的形式重生。

3. 复活

这意味着死后重新确立人的存在。这里出现了新元素,即一个人的改变、变化或转变元素。这种改变可能是本质的,即复活者是不同的人;也可能是非本质的,即只有整体存在条件发生了变化,就像你出现在不同地点,或者你的形体具有不同结构。复活的可能是肉身。例如,基督教认为,人的身体会复活。在更高层次上,人们不再以粗

[①] 参考《相应部》第二部分:因缘品,pp.150f。

俗的物质意义看待这个过程；人们认为，死者的复活意味着属灵的身体上升为不可腐朽的状态。

4. 重生

第四种形式涉及最严格意义的重生，即个体寿命内的重生。重生的英语单词 rebirth 和德语单词 Wiedergeburt 完全等价，但法语似乎缺少拥有特定"重生"含义的词语。这个词语拥有特别的味道，它的整体氛围暗示了更新，甚至暗示了通过神奇方式实现的进步。重生可能是没有任何存在改变的更新，因为得到更新的人格没有在本质上发生改变，只有功能或者部分人格得到了治疗、强化或改进。所以，就连身体疾病也可以通过重生仪式得到治愈。

第四种形式的另一个方面是本质转变，即个体的完全重生。在这里，更新意味着本性的改变，也许可以称为蜕变。这方面的例子有从凡人到永生者的转变，从肉身到灵魂的转变，从人到神的转变。这种改变的著名原型有基督的变容和升天，以及上帝之母死后带着身体进入天堂。你可以在歌德《浮士德》第二部分找到类似概念，比如从浮士德到男孩以及随后到马里亚努斯医生（Doctor Marianus）的转变。

5. 参与转变过程

最后，第五种形式是间接重生。在这里，转变不是通过经历死亡和自我重生直接实现的，而是通过参与转变过程间接实现的，这种过程被认为在个体以外发生。换句话说，你需要目睹或参与某种转变仪式。这种仪式可能是弥撒之类的典礼，存在物质转变。通过出席仪式，个体可以体验到神圣恩典。类似的神祇转变可见于异教神秘仪式中。在那里，参与这种经历的入会者会被赐予恩典，就像伊洛西斯神秘仪式那样。一个恰当的例子是入会者在伊洛西斯神秘仪式上的声明，他需要赞美通过明确永生赐予他的恩典[1]。

---

[1] 参考《荷马德墨忒尔颂歌》，第 480—482 行："他在目睹这些神秘仪式的人之中受到祝福；不过，没有入会并加入他们的人死后没有类似的好事，将会陷入黑暗的深渊。"（伊夫林-怀特翻译，《赫西奥德，荷马颂诗和荷马史诗》，第 323 页）一篇伊洛西斯碑文写道："受祝福的众神的确宣布了非常美妙的秘密——死亡的到来不是诅咒，而是对人们的祝福。"

二、重生的心理

重生不是我们能以任何方式观察到的过程。我们无法测量它，称量它，为它拍照。它完全超越了感知。在这里，我们需要处理纯粹的心理现实，它只能通过个人陈述间接传递给我们。你会谈到重生，承认重生，心中充满了重生。我们承认这是足够真实的。在这里，我们并不关心下面的问题：重生是某种可以感知的过程吗？我们只能满足于它的心理现实。我要迅速补充一句，我指的不是任何"心理"事物都是完全虚幻的，或者比空气还要缥缈。这是一种庸俗的观念。相反，我认为，心理是人类生活最精彩的事实。实际上，它是一切人类文明之母，也是摧毁文明的战争之母。所有这些起初都是无形的心理。只要它们"仅仅是"心理，它们就无法被感官所经历，但它们无疑是真实的。人们会谈论重生，这个概念是存在的，这意味着重生一词所指示的大量心理经历一定是真实存在的。我们只能根据关于它们的陈述推测这些经历。所以，要想弄清重生到底是什么，我们必须转向历史，以确定人们所理解的"重生"的含义。

重生是一种断言，你必须将其看作人类的原始断言之一。这些原始断言基于我所说的原型。考虑到与超感官领域相关的所有断言最终全都是由原型决定的，我们就可以理解，为什么关于重生的断言在差异极大的不同民族之中会同时出现。这些断言背后一定存在一些心理事件，它们是心理学的讨论内容——我们无须探索关于其意义的所有形而上学和哲学假设。为了从整体上了解这些现象，我需要用更加清晰的线条概括整个转变经历领域。我可以区分两类主要的经历：超越生命和主观转变。

1. 超越生命

（1）仪式引发的经历

我所说的"超越生命"指的是上述入会者参加神圣仪式的经历，这些仪式向他揭示了生命通过转变和更新实现的永远持续。在这些神秘戏剧中，与短暂具体表现不同的生命超越通常是由神祇和神圣英雄的重要转变——死亡和重生——来表示的。入会者要么只是神圣戏剧的欣赏者，或者参与其中，或者被它感动，要么通过仪式行为认同神祇。在这种情况下，真正重要的是，客观物体或生命形式从仪式上通过某种独立进行的过程得到转变，同时入会者仅仅由于他的出席或参与而受到影响、震撼、"圣化"或者获得"神圣恩典"。这种转变过程不是在他内部进行的，而是在他外部进行的，尽管他可能会参与其中。入会者在仪式中扮演奥西里斯（Osiris），他被杀害和肢解，并被分散到各处，之后在绿色麦田里复活。通过这种方式，他体验了生命的永恒和持续，这种生命超越了一切形体改变，像凤凰一样不断从自己的灰烬中重生。这种对于仪式活动的参与产生了许多影响，包括给人带来永生的希望，这是伊洛西斯神秘仪式的特征之一。

关于代表生命永恒和转变的神秘戏剧，一个现实案例是弥撒。如果我们在这种神圣仪式期间观察人群，我们会注意到各种参与程度，从单纯而冷漠的出席到最深刻的情绪投入。站在出口附近的一群群男人显然是在进行各种世俗交谈，他们以纯机械方式在胸前画十字圣号，行跪拜礼——虽然他们漫不经心，但他们毕竟来到了这个充满恩典的场所，参与了神圣行动。弥撒是超越平凡、超越世俗的行为，基督在这里牺牲，然后以转变后的形体复活。这种关于基督牺牲死亡的仪式不是对于历史事件的重复，而是原创、独特、永恒的行为。所以，弥撒经历是对超越生命的参与，这种超越摆脱了空间和时间的一切束缚。这一刻，时间是永恒的[①]。

---

① 参考我的《弥撒中的转变象征主义》。

（2）直接经历

神秘戏剧代表和带给观众的一切也会在没有任何仪式的情况下以自发、出神或幻想经历的形式发生。尼采的正午幻想就是这种类型的经典案例[①]。我们知道，尼采用狄俄尼索斯－扎格柔斯（Zagreus）神话代替了基督教神话，狄俄尼索斯－扎格柔斯遭到肢解并重获生命。尼采的经历具有狄俄尼索斯自然神话的性质：神祇穿着自然的服装出现，就像经典文物显示的那样[②]，永恒时刻是正午的一小时，对潘神（Pan）来说是神圣的："时间流走了吗？我没有倒下吗？听着——我没有掉进永恒之井吗？"就连"金环"即"回归之环"在他看来也是复活和生命的承诺[③]。尼采仿佛参加了神秘仪式表演。

许多神秘经历具有类似性质：它们代表了观众参与的行为，尽管他的本性不一定发生改变。

[①] 《查拉图斯特拉如是说》，科门翻译，pp.315ff。
[②] 《查拉图斯特拉如是说》："一棵古老、弯曲、粗糙的树木，上面结着葡萄。"
[③] 霍内菲尔（Horneffer），*Nietzsches Lehre von der ewigen Wiederkehr*。

类似地，最美丽、最震撼的梦境对于做梦者常常没有长期转变性影响。他可能会被梦境震撼，但他不一定觉得其中有问题。所以，这种事件自然保持在"外部"，就像其他人表演的仪式情节一样。你必须小心地将这些更具美感的经历形式与显然涉及一个人本性改变的经历区别开来。

2. 主观转变

人格的转变绝不是罕见现象。实际上，它们在心理病理学中扮演着相当重要的角色，尽管它们与刚刚讨论的神秘经历区别很大，后者无法方便地进行心理研究。我们现在即将考察的现象属于心理学非常熟悉的领域。

（1）人格的减少

原始心理学所说的"灵魂丧失"是人格减少的一个例子。在解释灵魂丧失一词所表示的奇特状况时，原始人认为，他们的灵魂逃走了，就像狗在夜间逃离主人一样。之后，巫师负责将逃离的灵魂抓回来。通常，灵魂丧失是突然发生的，表现为全身无力。这种现象与原始意识的性质关系密切，后者缺少我们所具有的牢固连贯性。我们可以控制自己的意志力，但原始人做不到这一点。要想打起精神，从事有意识、有目的、并非仅仅出于情绪和本能的活动，他们需要进行复杂的练习。在这方面，我们的意识更加安全可靠。不过，文明人有时也会遇到类似的情况，但他不会将其描述为"灵魂丧失"，而是将其描述成"精神水平降低"，这个恰当的词语是由珍妮特（Janet）提出的[1]，它是指意识强度的松弛，可以比喻成读数很低的气压表，这预示了坏天气。你的肌肉张力会消失，其主观感觉是精神萎靡、郁闷和抑郁。你不再拥有面对日常任务的任何愿望和勇气。你的身体就像灌了铅，因为你的任何身体部位似乎都不想移动，这是因为你不再拥有任何可以支配的能量[2]。这种众所周知的现象对应于原始人的灵魂丧失。意志的倦怠和瘫痪可能很严重，使整个人格分崩离析，使意

---

[1] *Les Nevroses*，第358页。
[2] 康特·凯泽林描述的加纳现象（《南美冥想》，pp.161ff）也属于这一类别。

识失去统一性。人格的各个部分独立出来，因此逃离意识头脑的控制，就像麻醉领域和系统性失忆症案例那样。系统性失忆症是著名的歇斯底里式"功能丧失"现象，这个医学术语类似于原始人的灵魂丧失。

精神水平降低可能是身体和心理疲劳、身体疾病、情绪激动和休克导致的。其中，休克对于自信伤害极大。精神水平降低对于整体人格总是具有限制性影响。它会降低一个人的自信和进取精神，通过强化自我中心主义使精神视野变得狭隘。最终，它可能导致具有消极本质的人格，这意味着原始人格发生了扭曲。

（2）人格的扩大

一个人的早期人格很少和后来的人格相同。所以，扩大人格的可能性是存在的，至少是在前半生。这种扩大可能通过无中生有实现，通过新的重要内容从外部进入人格并被同化实现。通过这种方式，你可能会经历相当大的人格扩充。所以，我们倾向于认为，这种增长完全是凭空产生的，这说明了通过从外部尽量摄取内容来获得人格这一偏见的合理性。不过，我们越是认真遵守这一原则，越是固执地相信一切增长只能凭空产生，我们的内心就越贫乏。所以，如果某个伟大思想从外部进入我们内心，我们必须认识到，我们之所以接受这种思想，完全是因为我们内心的某种事物对它作出了响应，前来迎接它。精神的丰富性在于精神的接纳性，而不是财产的积累。只有拥有与外来内容相等的内部振幅，从外部进入内心的事物及其导致内心产生的一切才能成为我们自己的东西。人格的真正扩充意味着从内部来源流出的意识的扩充。没有心理深度，我们永远无法与目标等级建立充分的联系。所以，一个人随着任务的伟大性而成长，这种说法当然不错。不过，他自身必须拥有成长的能力；否则，即使是最困难的任务对他也没有益处，他更容易被困难压倒。

人格扩大的经典案例是尼采与查拉图斯特拉的相遇，它使尼采从批评家和警句家变成了悲剧诗人和预言家。另一个例子是圣保罗（St.Paul），他在前往大马士革途中突然遇到了基督。也许，如果没有历史上的耶稣，这位圣保罗的基督很可能不会出现。不过，圣保罗遇到的基督幻象可能不是来自历史上的耶稣，而是来自他内心深处的潜意识。

当生命达到顶峰时，当花蕾绽开，伟大从渺小中诞生时，正如尼采所说，"一生二"，一直属于你但却保持无形的伟大形象带着启示的力量出现在你的渺小人格面前，真实而无助的渺小者总会将伟大者的启示拉低到自己的渺小层次上，永远无法理解审判其渺小性的日子总会到来。不过，内心伟大的人会知道，他的灵魂期待已久的不朽伙伴现在真的到来了，"掳掠了仇敌"[1]。也就是说，他一直在限制和关押不朽者，但不朽者此时捉住了他，使他的生命流进了伟大生命之中——这是最为危险的时刻！尼采对于走钢丝者的预言[2]揭示了对于被圣保罗赋予最高贵名称的事件持"走钢丝"态度的可怕危险。

---

[1] 《以弗所书》4：8。

[2] "灵魂的死亡比身体还要快。"《查拉图斯特拉如是说》，第74页。

基督本人是不朽者隐藏在凡人体内的完美象征①。通常，这个问题是由双重主题象征的，比如狄俄斯库里（Dioscuri），他的一半是凡人，另一半是神祇。关于两个好朋友，印度有一则类似的寓言：

> 看哪，在同一棵树上，
> 有两只亲密的鸟儿。
> 一只享用成熟的水果，
> 另一只观看，但是没有吃。
>
> 我的灵魂偎依在这棵树上，
> 被它的无力感欺骗，
> 直到它高兴地看到它的主多么伟大，
> 它从悲伤中看到了迅速的释放……②

另一个值得一提的案例是穆萨（Moses）和海德尔（Khidr）相遇的伊斯兰传说③，我稍后会

---

① 参考《三位一体教义的心理学研究》，pars.226ff。
② 《白净识者奥义书》，4，pp.6ff。（根据休姆《十三主奥义书》pp.403ff 翻译）
③ 《古兰经》，第18章。

讨论这个故事。自然，这种扩大意义的人格转变不只是以这种重要经历的形式发生的。更加平凡的情况并不罕见，你很容易根据神经症患者病历整理出一份清单。实际上，当一个人认可高于他的人格，并且需要因此为心套上铁圈时[1]，你就应该将他归入这一类别[2]。

（3）内心结构的改变

下面这种人格改变既非扩大，亦非减少，而是一种结构变化。最重要的形式之一是着迷现象：出于某种原因，某种内容、思想或部分人格成为了个体的主宰。令人着迷的内容表现为奇特的信仰、特质、固执的计划等。通常，它们无法纠正。如果你想处理这种情况，你必须是着迷者特别好的朋友，愿意忍受几乎任何事情。我不想在着迷和偏执狂之间作出严格的区分。你可以将着迷看

---

[1] 在童话《青蛙王子》中，王子被巫婆变成了青蛙，王子的仆人亨利悲痛欲绝。为避免他的心由于悲伤而破碎，他为心套上了铁圈。这里的意思是，仆人关心比他高贵的王子，这是一种人格扩大，仆人因此被迫为心套上铁圈。

[2] 我在就职论文《论所谓神秘现象的心理学和病理学》中讨论了这样一个人格扩大的案例。

成自我人格对于某种情结的认同①。

　　这方面的常见例子是对于人格面具的认同。人格面具是个体适应世界的途径,是他在应对世界时采取的方式。例如,各行各业都有自己的标志性人格面具。现在,公众人物的照片经常出现在媒体上,因此你很容易对此进行研究。世界将某种行为强加给专业人士,后者需要努力满足这些预期。危险在于,他们认同了人格面具——教授认同了教科书,男高音歌手认同了好嗓子。接着,破坏完成了,从此,他们完全生活在个人自传的背景中。这是因为,到了此时,自传上会写道:"……接着,他去了某某地点,说了这样或那样的话语。"等等。得伊阿尼拉(Deianeira)的衣服牢牢粘在了他的皮肤上。要想将这件涅索斯(Nessus)衬衫从身上撕下,走进将人吞噬的不朽火焰之中,将自己转变成原本的状态,他需要拥有像赫拉克勒斯(Heracles)那样不顾一切的决

---

① 关于教会对着迷的观点,参考德·通克代克 *Les Maladies nerveuses ou mentales et les manifestations diaboliques*;另见《三位一体教义的心理学研究》,第163页。

第二章　关于重生

心。你可以略带夸张地说，人格面具是一个人在现实中没有的人格，但他自己和其他人认为他拥有这样的人格[①]。不管怎样，人们很想表现出他们看似拥有的人格，因为人格面具通常可以带来现金回报。

其他因素也可能占据个体，其中最重要的是所谓的"低级功能"。在这里，我不会详细讨论这个问题[②]。我只想指出，低级功能几乎等同于人类人格的阴暗面。附着在每个人格上的阴暗面是通往潜意识和梦境的大门，阴影和阿尼玛这两个模糊形象由此进入我们的夜间视野，或者以之前的无形状态占据我们的自我意识。被阴影占据的人总是损害自己的利益，落入自己的陷阱。只要可能，他更喜欢给别人留下不利印象。长期来看，他总是不走运，因为他总是生活在自己的水平以下，最多只能得到不适合他的东西。如果没有绊倒他的门阶，他会为自己制造门阶，然后天真地

[①] 在这方面，你可以参考叔本华的《人生的智慧：箴言》（来自补遗和附录的文章）。

[②] 《心理类型》第二章详细讨论了这个重要问题。

认为他做了有用的事情。

阿尼玛或阿尼姆斯导致的着迷呈现出不同的画面。首先，这种人格转变会突出异性的典型特征，即突出男性的女性特征，女性的男性特征。在着迷状态下，两种形象都会失去魅力和价值；只有当它们背对世界，面向内心时，它们才具有价值。此时，它们可以充当通往潜意识的桥梁。当它们转向世界时，阿尼玛是任性、无常、善变、失控和情绪化的，有时带有邪恶的直觉，冷酷、恶毒、虚伪、毒舌、奸诈而神秘[1]。阿尼姆斯很固执，喜欢谈论原则，制定法律，武断，喜欢改变世界，重视理论，花言巧语，喜欢争辩，专横跋扈[2]。二者都品位不佳：阿尼玛将下等人聚在

---

[1] 参考阿尔德罗万杜斯，*Dendrologiae libri duo*（1668，第211页）对于阿尼玛的恰当描述："她表现得既非常软弱，又非常强硬。在大约2000年里，她展现出了反复无常的外表，像普罗透斯（Proteus）一样，用焦急的关怀和悲伤长期折磨博洛尼亚市民卢修斯·阿加托·普利斯库斯（Lucius Agatho Priscus）的爱情。这个形象显然是从混沌中想象出来的，或者来自柏拉图所说的阿伽松式混乱。"菲尔兹－戴维在《波利菲洛的梦》，pp.189ff 中作出了类似的描述。

[2] 参考艾玛·荣格，《论阿尼姆斯的性质》。

身边，阿尼姆斯允许自己被二流思想所考虑。

结构改变的另一种形式涉及某些异常现象，我只会对其进行最为保守的讨论。导致这种着迷状态的事物大概最应该被描述成"祖先灵魂"。这里的祖先灵魂是指某个明确祖先的灵魂。为了实际需要，你可以将这种案例看作认同逝者的惊人例子。（自然，认同现象只会发生在"祖先"去世以后。）我对这些可能性的关注最初是由莱昂·都德（Leon Daudet）混乱而巧妙的《遗传》一书引发的。都德认为，在人格结构中，一些祖先元素在某些条件下可能会突然浮现出来。此时，个体会突然扮演祖先的角色。现在，我们知道，祖先角色在原始人的心中起着非常重要的作用。原始人认为祖先灵魂会投胎在孩子身上，而且用祖先的名字为孩子命名，试图将祖先灵魂移植到孩子身上。类似地，原始人试图通过某些仪式将自己转变成祖先。我要特别提到澳大利亚的阿尔柯林加米吉纳概念[①]，它是指半人半兽

---

① 参考列维-布鲁尔，《原始神话》。

的祖先灵魂，它在宗教仪式中的复活对于部落生命具有最大的功能意义。这类思想可以上溯到石器时代，分布很广，可以在其他地方的许多遗迹中发现。所以，这些原始经历形式今天完全有可能作为认同祖先灵魂的案例再次出现。我相信，我见过这样的案例。

（4）对群体的认同

我们现在讨论另一种转变经历形式，我称之为群体认同。更准确地说，是个体对群体的认同，后者拥有共同的转变经历。你一定不要将这种特殊的心理情形与参加转变仪式相混淆，后者虽然是在观众面前的表演，但是没有以任何方式获得群体认同，也不会必然导致群体认同。在群体中经历转变和自己经历转变是完全不同的。如果一定数量的个体通过特定思维框架联合起来，相互认同，它所导致的转变经历与个体转变经历的相似性并不大。群体经历所在的意识层次低于个体经历。这是因为，当许多人聚集起来分享共同的情绪时，来自群体的总体心理低于个体心理的水平。如果是很大的群体，集体心理会更加类似于动物心理。所以，大型组织的道德态度永远是可疑的。大型群体的心理会不可避免地堕落到乌合之众的心理水平上[①]。所以，如果我有作为群体成员的所谓集体经历，它所在的意识层次将低于我独自拥有这种经历的层次。所以，这种群体经历比个体转变经历要频繁得多。它也更容易实现，因为许多人同时在场可以产生巨大的暗示力量。群体中的个体很容易成为自己暗示的牺牲品。只要发生某件事情，比如整个群体支持某个提议，即使这个提议是不道德的，我们也会表示赞同。在群体里，你感受不到责任，但也感受不到恐惧。

所以，群体认同是一条简单轻松的道路，但群体经历并不比这种状态下你自己的心理水平更加深刻。它的确会改变你，但是这种改变不会持续。相反，只有持续沉醉于群体之中，你才能巩固这种经历和你对它的信仰。只要你离开群体，你就会再次成为不同的人，无法再现之前的心态。

---

① 勒庞，《乌合之众》。

群体会被神秘的参与所支配，这种神秘参与无非是潜意识认同而已。例如，假设你前往剧场：你和别人视线相交，每个人都在观察其他人，所有在场者被编织成了相互潜意识关系的无形大网。如果你多次经历这种情况，你会感觉被你与他人共同拥有的认同潮流裹挟。这可能是愉快的感觉——你是一万只羊中的一只！和之前一样，如果我感觉这个群体是伟大神奇的整体，我就是英雄，我的地位会与群体共同提升。当我再次做回自己时，我会发现，我只是普通人，住在某某街道三楼。我还会发现，整个活动的确非常愉快，我希望它明天再次发生，使我再次感觉自己属于整个民族，这比做普通人好得多。由于这是将自己的人格提升到更高等级的轻松便捷的途径，因此人类总会组成群体，使集体转变经历——通常具有狂喜性质——成为可能。对于较低、较原始的意识状态的倒退认同总会伴随着生命意识的提高，所以，对于石器时代半兽祖先[①]的倒退认同

[①] 参考斯潘塞和吉伦在《中澳大利亚的北方部落》中描述的澳大利亚部落仪式；另见列维-布鲁尔，《原始神话》。

具有振奋效应。

群体内部不可避免的心理退化在一定程度上得到了仪式的对抗，这种崇拜仪式将神圣事件的严肃表演作为群体活动核心，避免群体倒退到潜意识本能之中。通过吸引个体的兴趣和注意力，仪式可以使他们在群体内部获得相对个体的经历，从而多少保留他们的意识。不过，如果个体没有与通过象征表达潜意识的中心建立联系，群体心理必然会成为具有催眠作用的魅力中心，将每个人吸引到它的咒语下。所以，群体总是心理流行病的温床[1]，德国的事情就是这方面的经典案例。

有人可能会反对这种对于大众心理的消极评价，认为它也包含积极经历，比如促使个体采取高尚行为的积极热情，或者同样积极的人类团结感。这类事实不可否认。群体可以为个体带来勇气、担当和尊严，它们很容易在孤立中丧失。群

---

[1] 我想提醒读者注意第二次世界大战爆发前不久（1938年）H.G. 韦尔斯《世界大战》广播剧在纽约引发的灾难性恐慌[参考坎特里尔，《来自火星的入侵》（1940）]，这种恐慌后来（1949年）在基多再次出现。

体可以唤醒一个人作为人群一员的记忆。不过，这并不能避免他作为个体不会拥有的其他一些事情。这些不劳而获的礼物短期来看可能是特别的恩惠，但是长期来看，这种礼物有变成损失的危险，因为人们会将礼物看作理所当然的事情，这是人性的弱点。在需要时，我们会索取这些事物，将其作为权利，而不是自己去努力获取。遗憾的是，人们把这件事看得太简单了，往往会向国家索要一切，而不去反思政府正是由索要一切的个体组成的。

（5）对英雄偶像的认同

转变经历隐含的另一种重要认同是认同在神圣仪式中得到转变的神祇或英雄。许多崇拜仪式的明确目的就是制造这种认同，典型的例子是阿普列乌斯的《变形记》。作为普通人的入会者被选择扮演赫利俄斯（Helios）。他戴上棕榈王冠，披上神秘斗篷，聚集的人群膜拜他。群体的暗示使他认同了这位神祇。集体的参与还会表现为下面的形式：入会者没有被神化，但是需要诵读神的故事，随着时间的推移，个体参与者逐渐发生心理变化。奥西里斯崇拜是这方面的绝佳案例。起初，只有法老参与神祇的转变，因为只有他"拥有奥西里斯"。后来，帝国贵族也拥有了奥西里斯。最终，这种发展升华成了基督教思想：每个人都有不朽的灵魂，可以直接分享神性。在基督教里，这种发展走得更远，外在的上帝或基督逐渐成了个体信仰者内心的基督，它虽然存在于许多人心中，但仍然是同一位基督。这一真理在图腾心理中得到了更早的体现：许多图腾动物的样本被杀死，在图腾餐中被吃掉，但被吃掉的只有一位，正如圣婴和圣诞老人只有一位。

在神秘仪式中，个体通过参与神祇的命运经历间接转变。转变经历在基督教会里也是间接的，因为它是通过参与表演或诵读实现的。在这里，第一种形式是仪式，它是天主教会成熟仪式的典型特征；第二种形式是诵读，即诵读圣经或福音，它是新教"宣讲神谕"的实践。

（6）神奇程序

另一种转变形式是通过直接用于这一目的的仪式实现的。它不是让你通过参与仪式获得转变经历，而是直接用仪式实现转变。所以，它会成为你所接受的一种技术。例如，一个人生病了，因此需要"更新"。这种更新必须从外部"发生"在他身上。为此，人们通过病榻床头的墙洞把他拉出来，使他获得重生；或者，他被赋予另一个名字，从而获得另一个灵魂，以免魔鬼将他认出来；或者，他需要经历象征性的死亡；或者，他需要穿过用皮革制造的奶牛，奶牛从前面将他吞下，从后面将他排出来，这很怪异；或者，他需要接受洗礼或浸礼浴，奇迹般地转变成拥有新性格和不同形而上学命运的半神。

（7）技术转变

除了从魔法意义上使用仪式，还有其他特殊技术。在这些技术中，除了仪式本身的恩典，为了实现预定目的，入会者本人也需要努力。这是通过技术途径实现的转变经历。东方的瑜伽练习和西方的灵修练习就属于这个类别。这些练习是事先得到确定的特殊技术，用于实现明确的心理效应，至少是促进这种效应。东方的瑜伽和西方的灵修方法都是如此[①]。所以，它们是最充分意义的技术程序，是最初自然转变过程的细化。因此，在没有先例可以效仿时出现的自然或自发的转变被专门通过模仿相同事件顺序诱发转变的技术所取代。我会试着讲述一个童话故事，以说明这些技术可能的来源：

从前，有一个古怪的老人，他住在山洞里，以躲避村庄的喧嚣。据说，他是巫师。所以，他的门徒希望向他学习巫术。不过，他本人并没有任何巫术思想。他只想知道他不知道但他相信一直在发生的事情。他对于无法通过冥想了解的事情冥想了很长时间，但他觉得无法摆脱困境，只能拿起一支红色粉笔，在山洞墙壁上画出各种图形，以弄清他不知道的事情可能具有的形象。经过多次尝试，他选择了圆形。"就是这样，"他想道，"里面再加一个四边形！"——这使它看上去更加完美。他的门徒很好奇。不过，他们只知道老人发现了一些事情。他们愿意付出一切，以了

---

① 参考《东洋冥想的心理学》。

解他在做什么。他们问他："你在那边做什么？"他没有回答。接着，他们发现了墙上的图形，说："就是它！"于是，他们开始临摹这些图形。不过，他们把整个过程弄反了，而且没有发现这一点：他们首先看到了结果，希望导致这个结果的过程重新出现。这样的事情过去发生过，现在仍然在发生。

（8）自然转变（个体化）

我说过，除了技术性的转变过程，还有自然转变。所有重生思想都基于这一事实。自然本身要求死亡和重生。正如炼金术师德谟克利特（Democritus）所说："自然享有自然，自然控制自然，自然统治自然。"不管我们是否喜欢，不管我们是否知道，我们都会经历一些自然转变过程。这些过程会带来相当大的心理影响，足以使任何有思想的人思考自己到底发生了什么。和童话中的老人类似，他也会绘制曼陀罗，在其保护性的圆圈中寻求庇护。在他自己选择的被他看作避难所的牢笼中，他在困惑和痛苦中转变成与众神类似的存在。曼陀罗是出生地点，是最具字面意义的出生器皿，是佛陀降生的莲花。瑜伽士坐在莲台上，认为自己变成了永生者。

自然转变过程主要出现在梦境中。我在其他地方[①]介绍了个体化过程的一系列梦境符号。它们全都是表现出重生象征的梦境。在这种情形中，有一个长期持续的内部转变和重生为另一个存在的过程。这里的"另一个存在"是我们内部的另一个人——是在我们内部成熟的更大、更优秀的人格，我们在前文中将其看作灵魂的内心朋友。所以，每当我们发现仪式中描绘的朋友和同伴时，我们都会感到欣慰。密特拉神（Mithras）和太阳神之间的友谊就是一个例子。这种关系对科学人士来说是一个谜，因为知识分子喜欢毫无同情心地看待这些事情。如果考虑到感情，我们就会发现，太阳神把朋友带上了战车，就像纪念碑上描绘的那样。这是二者之间友谊的表示，它仅仅是内部事实在外部的反映而已：它揭示了我们与灵魂的内心朋友之间的关系，后者是自然本身希望

---

① 参考《心理学与炼金术》，第二部分。

我们转变成的对象——它是我们的另一个身份，但我们永远无法完全触摸到它。我们是狄俄斯库里双生子，一个是凡人，另一个是永生者，它们虽然永远在一起，但永远无法完全成为一体。这种转变过程试图使它们相互接近，但我们的意识可以意识到抵抗，因为另一个人似乎陌生而离奇，我们也无法适应我们不是自身住所绝对主人这一想法。我们应该更喜欢永远做"自己"，而不是别人。不过，我们面对着这个内心朋友或敌人，他是朋友还是敌人取决于我们自己。

即使你不是疯子，你也会听到他的声音。这是你能想象到的最简单、最自然的事情。例如，你可以问自己一个问题，"他"会给出回答。接着，这种讨论会继续下去，就像其他任何对话一样。你可以将其描述成单纯的"交流"或"自言自语"，或者古老的炼金术师所说的"冥想"，他们将他们的对话者称为"内心的某个他者"[1]。这种与灵魂朋友的对话形式甚至被伊纳爵·罗耀拉

---

[1] 参考鲁兰德《词典》(1893)，第226页。

（Ignatius Loyola）收录在《灵性操练》的技巧之中[1]，但是有一个限制条件：只有冥想者才能说话，内心回应被认为仅仅来自人类，因此受到了反驳和忽视。这种状态一直持续到了今天。它不再是道德或形而上的偏见，而是智力偏见——这比前者糟糕得多。"声音"被仅仅解释成"交流"。人们以轻率的方式讨论它，认为它没有意义和目的，只是在持续运行，就像没有表盘的发条装置一样。或者，我们会说"它只是我自己的思想！"不过，经过仔细观察，我们会发现，我们既不排斥这些思想，也从未有意识思考过这些思想。这似乎意味着，自我（ego）瞥见的一切心理内容一直都是它的组成部分。自然，这种狂妄是有用的，可以维持自我意识的崇高地位。我们必须保护自我意识，以免它分解为潜意识。如果潜意识选择允许某种荒谬思想成为执念，或者导致其他心因症状，我们又无论如何不愿意承担责任，自我意

---

[1] 伊斯基耶多，*Pratica di alcuni Esercitij spirituali di S. Ignacio*（罗马，1686，第7页）："对话……无非是与基督的亲切谈话和交流而已。"

识就会不光彩地解体。

我们对于这种内心声音的态度在两个极端之间摇摆：我们认为它是十足的废话或者上帝的声音。似乎没有人认为，可能存在介于二者之间的有价值观点。这个"他者"在某个方面可能是片面的，正如自我在另一方面是片面的。它们之间的冲突可能会带来真理和意义——前提是自我愿意授予他者正当人格。当然，不管怎样，它都是有人格的，正如疯子的声音也有人格；不过，只有当自我承认讨论伙伴的存在时，真正的对话才会成为可能。你不能指望所有人都这样做。毕竟，不是所有人都适合灵性操练。如果你只和自己说话，或者只和他者说话，这也不能叫做对话，比如乔治·桑德（George Sand）和"灵魂之友"的谈话：在30页篇幅里，她一直在对自己说话，而对方并没有作出回答。灵性操练的对话可能伴随着现代怀疑者不再相信的优雅沉默。不过，如果它是我们乞求的基督本人用罪人之心的话语给出的直接回答呢？它会开启多么可怕的怀疑深渊呢？此时，怎样的疯狂才会使我们心生畏惧呢？

由此，你可以理解，众神的形象最好是沉默的，自我意识最好相信自己的崇高地位，而不是继续"交流"。你也可以理解，为什么内心朋友看上去常常是我们的敌人，为什么他如此遥远，他的声音如此微弱。这是因为，靠近他的人也在"靠近火焰"。

某位炼金术师也许正是怀着这样的思想写出了下面的文字："被你选作哲人石（炼金术语，魔法石）在王冠上为国王带来荣耀，医生也通过他治愈病人，因为他靠近火焰。"炼金术师将内心事件投射到外部形象上。所以，对他们来说，内心朋友以"哲人石"的形象出现，《炼金术丛论》对此有云："聪明人的儿子，你们要理解这块极为贵重的石头对你们发出的呐喊：你保护我，我就会保护你。你把我的给我，我就会帮助你。"对此，一位评注者补充道："追求真理的人听到哲人石和哲学家仿佛异口同声的话语。[1]"哲学家是赫尔墨斯，哲人石等同于墨丘利（Mercurius），即拉

---

[1] 参考 *Biblio.Chem*，I，p.430b。

丁版的赫尔墨斯①。从最早的时代起，赫尔墨斯就是炼金术师的神秘教师和心灵导师，是他们的朋友和顾问，领导他们向工作目标迈进。他"像在石头和门徒之间冥想的教师一样②"。对其他人来说，这个朋友是基督、海德尔、可见或不可见的古鲁或者其他某个个人导师或领导人。在这里，对话明显是单向的，没有内心交谈，他者的反应表现为他的行为即外向事件。炼金术师在化学物质的转变中看到了这一点。所以，如果某个炼金术师寻求转变，他会在外部物质中发现，其转变仿佛在向他呼喊："我是转变！"有的人足够聪明，知道"这是我自己的转变——不是个人转变，而是我内部的凡人成分转变成永恒成分。它摆脱了我所具有的凡人外壳，意识到了它自己的

---

① 详见《心理学与炼金术》第84段和《精灵墨丘利》pars.278ff。

② "Tanquam praeceptor intermedius inter lapidem et discipulum"（*Biblio.Chem*，I，p.430b），参考阿斯特拉姆赛柯斯（Astrampsychos）始于"到我这里，主赫尔墨斯"终于"我是你，你是我"的精美祷文。（雷岑斯泰因，《人的牧者》，第21页）

生命。它爬上太阳船，可能会把我带上去"。

这是非常古老的思想。在上埃及阿斯旺附近，我曾见过一座刚刚被打开的古埃及坟墓。入口门后面有一只用芦苇编成的小篮子，里面装着新生婴儿干枯的身体，上面还包着破烂的衣服。显然，某个工人的妻子在最后时刻匆忙将死去的孩子放在贵族的坟墓里，希望当他为了重生而进入太阳船时，婴儿也能分享他的救赎，因为他也被埋在神圣恩典所覆盖的神圣区域里。

三、一组说明转变过程的典型符号

作为例子,我选择了一个在伊斯兰神秘主义中扮演重要角色的人物,即"青翠者"海德尔。他出现在《古兰经》第十八章《山洞》里。这一章全部用于表现重生之谜。山洞是重生之地,是将人关闭起来孵化和更新的秘密洞府。对此,《古兰经》说:"你看太阳出来的时候,从他们的山洞的右边斜射过去;太阳落山的时候,从它的左边斜射过去,而他们(七个睡眠者)就在洞的空处。""空处"是珠宝所在的中心,是孵化、献祭礼和转变的发生地点。这种象征主义最美妙的发展见于密特拉神祭坛画[①]和转变性物质的炼金术

[①] 居蒙(Cumont),*Textes et monuments figures relatifs aux mysteres de Mithra*,II。

绘画①，这些物质总是被展示在太阳和月亮之间。十字架受难像的表现形式常常属于相同的类型，类似的象征性安排还可见于纳瓦霍人的转变或治疗仪式中②。这种中心或转变位置刚好是那七个人睡觉的山洞。他们几乎没有想到，他们在那里会经历接近永生的生命延长。当他们醒来时，他们已经睡了309年。

这个传说的意义如下：每个人内心都有这样一个洞穴，它代表意识以外的黑暗。任何进入这个洞穴的人起初都会进入潜意识转变过程。通过进入潜意识，他与他的潜意识内容建立了联系。这可能导致积极或消极的暂时人格改变。这种转变通常被解释成自然寿命的延长，或者永生的预兆。前者的例子包括许多炼金术师的作品，比如帕拉采尔苏斯（Paracelsus）的论文 *De vita*

---

① 特别参考佐西莫斯梦中的加冕幻象："另一个人在他后面（走来），带着一个周身装饰符号、身穿白衣、外貌清秀的人，他被称为太阳子午线。"参考《佐西莫斯幻象》，第87段（III，v bis）。

② 参考马修斯（Matthews）《山脉颂歌》和史蒂文森（Stevenson）《哈斯杰尔蒂和戴尔吉斯的礼仪》。

longa[①]，后者的例子是伊洛西斯神秘仪式。

七个睡眠者的圣数[②]暗示了他们是神[③]，在睡眠中得到转变，从而获得了永恒的青春。由此，我们首先可以认识到，我们面对的是神话传说。

---

① 我在《作为精神现象的帕拉采尔苏斯》pars.169ff 中介绍了这篇论文暗示的秘密学说。

② 不同版本的传说有时说有七个门徒，有时说有八个门徒。根据《古兰经》的说法，第八个是狗。第十八章还提到了其他版本，"有人将说：'他们是三个，第四个是他们的狗。'有人将说：'他们是五个，第六个是他们的狗。'这是由于猜测幽玄。还有人将说：'他们是七个，第八个是他们的狗。'"所以，他们显然考虑到了狗。这似乎是在七个和八个之间（根据情况，也可能是三个和四个）摇摆不定的典型案例，我在《心理学与炼金术》pars.200ff 指出了这一点。在那里，七个和八个之间的摇摆与靡菲斯特的出现有关。我们知道，靡菲斯特是由黑色贵宾狗化身而来的。对于三个和四个，第四个是魔鬼或女性本体，更高层面是圣母（参考《心理学与宗教》，pars.124ff）。我们在埃及诺纳德计数中可能会遇到同样的模糊性（泡特="众神"；参考巴奇，《埃及众神》，I，第88页）。海德尔传说与基督徒在德西乌斯（Decius，约公元250年）治下遭受迫害有关。这个地点是以弗所，圣约翰在此"睡觉"，但他没有死。七个睡眠者在狄奥多西二世（Theodosius II）统治期间（408—450）再次醒来，所以，他们睡了不到200年。

③ 这七位是古代的行星神。参考布塞特（Bousset），*Hauptprobleme der Gnosis*，pp.23ff。

书中记录的超自然人物的命运会攫住听者的心，因为这个故事反映了他自己的潜意识以类似过程再次融入意识。原始状态的复原等同于再次获得青春的生机。

睡眠者的故事后面是一些似乎与它无关的道德评论。这种表面上的不相关性具有欺骗性。实际上，这些启发性评论正是自身无法重生、只能满足于道德行为即遵守法律的人所需要的。规则所规定的行为常常是精神转变的替代[①]。这些启示性评论后面是穆萨及其仆人约书亚·本·努恩（Joshua ben Nun）的故事[②]：

---

① 圣保罗在书信中详细讨论了对法律的遵守以及"上帝的孩子"即新生者的自由。他不仅区分了两类不同的人，其区别在于意识发展水平的高低，而且区分了同一个人内部的高等人和低等人。属肉体的人永远在法律管辖之下；只有属灵的人可以重生，获得自由。这与看上去几乎无解的悖论基本一致：教会要求人们绝对服从，同时宣称他们拥有摆脱法律的自由。同样，在《古兰经》中，传说提到了属灵的人这一概念，承诺凡有耳的人都能重生。不过，没有内心慧耳的人和属肉体的人一样，可以在对安拉意愿的盲目服从中获得满足和安全指导。

② 下面的译文出自《古兰经》中文版。

当时，穆萨对他的僮仆说："我将不停步，直到我到达两海相交处，或继续旅行若干年。"

当他俩到达两海相交处的时候，忘记了他俩的鱼，那尾鱼便入海悠然而去。

当他俩走过去的时候，他对他的僮仆说："拿早饭来吃！我们确实疲倦了。"

他说："你告诉我吧，当我们到达那座磐石下休息的时候，（我究竟是怎样的呢？）我确已忘记了那尾鱼——只因恶魔我才忘记了告诉你——那尾鱼已入海而去，那真是怪事！"

他说："这正是我们所寻求的。"他俩就依来时的足迹转身回去。他俩发现我的一个仆人，我已把从我这里发出的恩惠赏赐他，我已把从我这里发出的知识传授他。

穆萨对他说："我要追随你，希望你把你所学得的正道传授我。好吗？"

他说："你不能耐心地和我在一起。你没有彻底认识的事情你怎么能忍受呢？"

穆萨说："如果真主意欲，你将发现我是坚忍的，不会违抗你的任何命令。"

他说:"如果你追随我,那末,(遇事)不要问我什么道理,等我自己讲给你听。"

他俩就同行,到了乘船的时候,他把船凿了一个洞。

穆萨说:"你把船凿了一个洞,要想使船里的人淹死吗?你确已做了一件悖谬的事!"

他说:"我没有对你说过吗?你不能耐心地和我在一起。"

穆萨说:"刚才我忘了你的嘱咐,请你不要责备我,不要以我所为难的事责备我!"

他俩又同行,后来遇见了一个儿童,他就把那个儿童杀了,穆萨说:"你怎么枉杀无辜的人呢?你确已做了一件凶恶的事了!"

他说:"难道我没有对你说过吗?你不能耐心地和我在一起。"

穆萨说:"此后,如果我再问你什么道理,你就可以不许我再追随你,你对于我,总算仁至义尽了。"

他俩又同行,来到了一个城市,就向城里居民求食,他们不肯款待。后来他俩在城里发现一堵墙快要倒塌了，他就把那堵墙修理好了，穆萨说："如果你意欲，你必为这件工作而索取工钱。"

他说："我和你从此作别了。你所不能忍受的那些事，我将告诉你其中的道理。

"至于那只船，则是在海里工作的几个穷人的，我要使船有缺陷，是因为他们的前面有一个国王，要强征一切船只。

"至于那个儿童，则他的父母都是信道者，我们怕他以悖逆和不信强加于他的父母，所以我们要他俩的主另赏赐他俩一个更纯洁、更孝敬的儿子。

"至于那堵墙，则是城中两个孤儿的，墙下有他俩的财宝。他俩的父亲，原是善良的。你的主要他俩成年后，取出他俩的财宝，这是属于你的主的恩惠，我没有随着我的私意做这件事。这是你所不能忍受的事情的道理。"

这个故事是七个睡眠者传说和重生问题的扩充和阐释。穆萨是寻求的人，是探索的人。在这次朝圣之旅中，他的"阴影"即"仆人"或"低等人"陪伴着他（用两个个体表示的属灵的人和属肉体的人）。约书亚是努恩的儿子，努恩意为"鱼"[①]，这暗示了约书亚来自深水，来自黑暗的阴影世界。"两海相交处"是重要地点，被解读为苏伊士地峡，它是西方和东方海洋的交汇处。换句话说，它是前面象征故事中提到的"中间地点"。不过，人和他的阴影起初并没有意识到它的重要性。他们"忘记了他俩的鱼"，即简单的营养来源。鱼指的是努恩，即阴影的父亲，属肉体的人的父亲，来自上帝创造的黑暗世界。这是因为，鱼恢复了生机，从篮子里跳出来，返回海中的家园。换句话说，动物祖先和生命创造者将自己与有意识的人区分开来，这一事件相当于本能心理的丧失。这一过程是神经症心理病理学熟知的分离症状，它总是与有意识态度的片面性相联系。考虑到神经症现象无非是正常过程的夸张而已，你就不会对于正常人也会出现非常类似的现象感

[①] 富勒斯，*Chidher, Archiv fur Religionswissenschaft*, XII, 第241页。所有来自评论的引文都是从这篇文章中摘抄下来的。

到吃惊了。它是原始人熟知的"灵魂丧失"问题，就像上面人格减少一节描述的那样，用科学语言来说，这叫精神水平降低。

穆萨及其仆人很快注意到鱼儿逃跑了。穆萨坐下来，疲惫不堪，饥肠辘辘。显然，他感到了饥饿。对此，心理学给出了解释。疲劳是能量或利比多丧失最常见的症状。整个过程代表了非常典型的现象，即对于重要时刻的忽视。我们在各种神话中见过这一主题。穆萨意识到，他无意中发现了生命的来源，但却再次失去了它。我们可以将其看作非凡的直觉。他们想要吃掉的鱼是潜意识内容，可以重新建立与起源的联系。它是重生者，获得了新生命。正如评论所说，这是通过接触生命之水实现的：通过溜回大海，鱼儿再次成为潜意识内容，其后代与众不同，只有一只眼睛和半个脑袋[①]。

炼金术师也谈到了海里一种奇怪的鱼，说它是"没有骨骼和皮肤的圆鱼"[②]，象征了"圆形元

---

① 同上，第253页。
② 参考《永恒纪元》，pars.195ff。

素"，即哲人之子和"生命石"的起源。生命之水相当于炼金术中的永恒之水。人们认为这种水"生机勃勃"，可以溶解一切固体，使一切液体凝固。《古兰经》评论指出，在鱼儿消失的地方，海变成了坚固的陆地，上面还可以看到鱼儿游动的轨迹[1]。在如此形成的岛屿上，海德尔坐在中间。一种神秘解读认为，他坐在"由光组成的王位上，坐在上海和下海之间"[2]，即前文提到的中间位置。海德尔的出现似乎与鱼儿的消失存在神秘联系。看起来，他本人似乎就是那条鱼。评论将生命之源归入"黑暗之地"[3]，这一事实支持了上述猜测。大海深处是黑暗的，这种黑暗相当于炼金术中的黑化，它发生在阴吸收阳的结合之后[4]。黑化会产生哲人石，即永生自性的象征；而且，哲人石首

---

[1] 富勒斯，第244页。

[2] 富勒斯，第260页。

[3] 富勒斯，第258页。

[4] 参考 *Visio Arislei* 中的神话，尤其是《哲人的玫瑰园》（*Art.Aurif*, II, 第246页）的版本，还有太阳坠入墨丘利喷泉，以及绿狮子吞吃太阳（*Art.Aurif*, II, 第366页）。参考《移情心理学》，pars.467ff。

次出现时被比作"鱼眼"①。

海德尔完全有可能是自性的象征。他的特征说明了这一点：据说，他出生在山洞里，即黑暗里。他是"长生者"，像以利亚（Elijah）一样不断重生。和奥西里斯类似，他最后被敌基督②肢解，但他得以复活。他类似于第二亚当，后者等

---

① 白色石头出现在容器边缘，"像东方宝石，像鱼的眼睛"。参考约翰内斯·伊萨克斯·霍兰都斯，*Opera mineralia*（1600），第370页。另见拉格内斯（Lagneus），*Harmonica chemica*，*Theatrum chemicum*，IV（1613），第870页。鱼眼出现在黑化结尾、白化开始时。另一个类似的比喻是出现在暗物质中的火花。这种思想可以追溯到《撒迦利亚书》，4:10（DV）："这七眼乃是耶和华的眼睛，遍察全地，见所罗巴伯手拿线铊就欢喜。"（参考埃伦内厄斯·奥兰达斯为尼古拉斯·弗拉梅尔《象形符号阐释》，1624，fol.A 5 所作的序言）它们是上帝位于新庙基石上的七只眼（《撒迦利亚书》，3:9）。数字七暗示了七颗星，即行星神，炼金术师认为它们在地下洞穴里（米利乌斯，*Philosophia reformata*，1622，第167页）。它们是"被束缚在地府的睡眠者"（贝特洛，*Collection des anciens alchimistes grecs*，IV，xx，第8页）。这暗示了七个睡眠者的传说。

② 敌基督是指基督最大的敌人，即魔鬼。

同于复活的鱼①。他是顾问,是圣灵,是"海德尔兄弟"。不管怎样,穆萨承认他是高级意识,向他寻求指导。接下来,海德尔做出了一些令人难以理解的行为,它们代表了高级自性通过命运转折对于自我意识的指导,但自我意识没能作出正确的反应。对于拥有转变能力的入会者来说,这是一个令人欣慰的故事;对于顺从的信仰者来说,这个故事是在告诫他们,不要抱怨安拉令人无法理解的全能。海德尔不仅象征了高级智慧,而且象征了符合这种智慧、超越理性的行为方式。

任何听到这个神秘故事的人都会在求索的穆萨和健忘的约书亚身上看到自己的影子。这个故事告诉他,能够带来永生的重生是如何产生的。显然,得到转变的既不是穆萨,也不是约书亚,而是被遗忘的鱼。鱼儿消失的地方是海德尔的出生地。永生者来自被人遗忘的卑微事物。实际上,它来自完全超乎想象的事物。这是我们熟悉的英

---

① 富勒斯,第254页。这可能源于基督教影响;你会想到早期基督徒的鱼宴和鱼的一般象征意义。富勒斯本人强调基督和海德尔的相似之处。关于鱼的象征意义,参考《永恒纪元》。

雄诞生主题，这里无须赘述①。任何了解《圣经》的人都会想到《以赛亚书》描述的"上帝仆人"，以及福音书中耶稣降生的故事。转变性物质或神的滋养性来自许多崇拜传说：基督是面包，奥西里斯是小麦，蒙代明（Mondamin）是玉米②，等等。这些符号与心理事实相符，后者从意识角度来看显然仅仅具有被同化事物的意义，但它的真实性质被忽略了。这个鱼儿符号直接表明了它是什么：它是潜意识内容的"滋养"影响，这些内容通过持续能量输入保持了意识的活力，因为意识本身不会产生能量。能够转变的正是这个意识根源。虽然它不显眼，几乎不可见（即潜意识），但它为意识提供了所有能量。由于我们感觉潜意

---

① 更多例子见《转变的符号》第二部分。我可以举出炼金术方面的更多例子，但我只举这首古诗："这是石头，可怜而廉价，被愚者摒弃，被智者尊重。"（*Ros.Phil*，出自 *Art.aurif*，II，第210页）"细长的石头"可能与沃尔夫拉姆·冯·埃申巴赫（Wolfram von Eschenbach）的圣杯"拉普西特埃克西里斯"存在联系。

② 奥吉布瓦人的蒙代明传说由 H.R. 斯库克拉夫特记录下来，成了朗费罗（Longfellow）《海华沙之歌》的素材。

识是某种陌生事物，是非我，因此它自然应该由陌生形象来象征。所以，一方面，它是最不重要的事情，另一方面，只要它可能包含意识所缺乏的"圆形"完整性，它就是最重要的事情。这个"圆形"事物是隐藏在潜意识洞穴中的伟大宝藏，其化身就是这个代表意识和潜意识更高统一性的人。他是可以与金胎、原人、阿特曼和神秘佛陀相比的人物。所以，我选择称之为"自性"，它指的是心理整体和中心，二者均不与自我重合，而是包含自我，正如大圆将小圆包括在内。

人们在转变过程中感受到的永生直觉与潜意识的奇特性质有关。从某种意义上说，它具有非空间性和非时间性。这方面的经验证据是所谓的心灵感应现象。现在，一些批评家仍然持有高度怀疑态度，否认这一现象。不过，在现实中，这种现象的普遍程度超乎想象。在我看来，永生感来自奇特的空间时间拓展感觉，我倾向于将神秘仪式中的神化仪式看作这种心理现象的投影。

自性作为人格的性格在海德尔传说中非常明显。这种特征在关于海德尔的非古兰经故事中表现得非常惊人，富勒斯（Vollers）对此给出了一些鲜明的例子。在我去肯尼亚旅行期间，旅行团长是在苏菲派信仰下成长起来的索马里人。在他看来，海德尔从各个方面来看都是活人。他向我保证，我随时可能遇到海德尔，因为他说，我是"《古兰经》之人"①。他从我们的谈话中得知，我对《古兰经》的了解比他本人还要好（顺便一提，这并不值得吹嘘）。所以，他认为我是伊斯兰教徒。他告诉我，我可能在街上看到以人的形象出现的海德尔，他也可能在夜间作为纯白光线出现在我眼前，或者——他笑着捡起一片草叶——"青翠者"甚至可能以草叶的形式出现。他说，他本人曾经得到海德尔的安慰和帮助，当时他在战后找不到工作，生活贫困。一天晚上，在睡梦中，他在门旁看到了亮白色光线，他知道那是海德尔。在梦中，他立刻起身，虔诚地向对方行礼，说"祝你平安"。接着，他知道，他的愿望一定会得到实现。他还说，几天后，内罗毕一家旅行用品

---

① 他说的是斯瓦希里语，即东非通用语。它有许多阿拉伯语借词，比如 kitab，意为书。

店聘请他做旅行团长。

这表明,即使在我们的时代,海德尔仍然以朋友、顾问、慰藉者和天启智慧导师的身份活在人们的宗教中。根据这个索马里人的说法,教义赋予海德尔的地位是"神的第一天使"——一种"命运天使",真正意义上的天使,即信使。

在第十八章接下来的部分,海德尔以朋友的身份作了一些解释,其内容如下[①]:

> 他们询问左勒盖尔奈英的故事,你说:我将对你们叙述有关他的一个报告。
>
> 我确已使他在大地上得势,我赏赐他处理万事的途径。他就遵循一条途径,直到他到达了日落之处,他觉得太阳是落在黑泥渊中,他在那黑泥渊旁发现一种人。
>
> 我说:"左勒盖尔奈英啊!你或惩治他们,或善待他们。"
>
> 他说:"至于不义者,我将惩罚他,然后他的主宰将把他召去,加以严厉惩处。至于信道而

---

① 下面的译文出自《古兰经》中文版。

且行善者，将享受最优厚的报酬，我将命令他做简易的事情。"

随后他又遵循一条路，一直走到日出之处，他发现太阳正晒着一种人，我没有给他们防日晒的工具。事实就像说的那样。我已彻知他拥有的一切。

随后，他又遵循一条路，一直到他到达了两山之间的时候，他发现前面有一种人，几乎不懂（他的）话。他们说："左勒盖尔奈英啊！雅朱者和马朱者，的确在地方捣乱，我们向你进贡，务请你在我们和他们之间建筑一座壁垒，好吗？"

他说："我的主使我能够享受的，尤为优美。你们以人力扶助我，我就在你们和他们之间建筑一座壁垒。你们拿铁块来给我吧。"

到了他堆满两山之间的时候，他说："你们拉风箱吧。"到了他使铁块红如火焰的时候，他说："你们拿溶铜来给我，我就把它倾注在壁垒上。"

他们就不能攀登，也不能凿孔。他说："这是从我的主降下的恩惠，当我的主的应许降临的时候，他将使这壁垒化为平地。我的主的应许是真实的。"

那日，我将使他们秩序紊乱。号角一响，我就把他们完全集合起来。

在那日，我要把火狱陈列在不信道者的面前。他们的眼在翳子中，不能看到我的教诲，他们不能听从。

在这里，我们看到了《古兰经》中常见的缺乏连贯性的另一个例子。为什么这里的话题如此突兀地转到了左勒盖尔奈英呢？左勒盖尔奈英是两角者，即亚历山大大帝。除了反常的年代错误（穆罕默德的整体年表仍有改进空间），我也不是很理解，为什么这里会提到亚历山大。你只需要记住，海德尔和左勒盖尔奈英是好友，完全可以与狄俄斯库里兄弟相比，就像富勒斯正确强调的那样。所以，你可以这样推测其心理联系：穆萨非常深刻地体验到了自性，这使潜意识过程极为清晰地出现在他的眼前。之后，当他走向被看作异教徒的犹太人民时，他想向他们讲述他的经历。此时，他更喜欢使用神秘传说的形式。他没有讲述自己，而是讲述了两角者。由于穆萨本人也有"角"，因此用左勒盖尔奈英代替他看上去是可信的。接着，他需要讲述这段友谊的历史，描述海德尔是怎样帮助朋友的。左勒盖尔奈英前往日落之处，然后前往日出之处。也就是说，他描述了太阳通过死亡和黑暗获得新生的更新方式。所有这些再次表明，海德尔不仅支持人的肉体需要，而且帮助他获得重生①。当然，在这段叙述中，《古兰经》没有区分以第一人称复数叙述的安拉和海德尔。不过，这一节显然是前面描述的助人行为的延续。由此可见，海德尔是安拉的象征或"化身"。海德尔和亚历山大的友谊在评论中扮演了非常重要的角色，与先知以利亚的联系也是如此。富勒斯毫不犹豫地将这种比较扩展到了另一对朋友吉尔伽美什（Gilgamesh）和恩奇都（Enkidu）身上。

总结：穆萨需要以客观神秘传说的形式向他

---

① 犹太故事中有关于亚历山大的类似说法。参考本·葛立安，*Der Born Judas*，III，第133页关于"生命之水"的传说，它与《古兰经》第十八章有关。

的人民讲述两个朋友的事迹。在心理学上,这意味着在描述或感受转变时,你需要将其看作发生在"他人"身上。虽然与海德尔交流的左勒盖尔奈英其实是穆萨本人,但穆萨在讲述故事时需要提到左勒盖尔奈英,而不是他自己的名字。这几乎不是偶然,因为将自我意识与自性等同起来的做法存在巨大的心理危险,它总是与个体化或自性发展相联系。它会导致自负,可能导致意识分解。所有更加原始或古老的文化都表现出了对于"灵魂危险性"以及众神危险性和整体不可靠性的精妙意识。也就是说,对于发生在背景中的几乎不可感知但非常重要的过程,他们还没有失去心理本能,而我们的现代文化几乎没有这一特征。的确,我们眼前出现了这样一对被自负扭曲的朋友——尼采和查拉图斯特拉——他们发出了警告,即使我们没有留意。我们又如何看待浮士德和靡菲斯特(Mephistopheles)呢?浮士德的狂妄自大是通往疯狂的第一步。《浮士德》中最初的转变平淡无奇,转变前的形象是魔鬼,而不是"拥有我们优雅和智慧"的聪明人,转变后的形象是狗,而不是可以食用的鱼。我倾向于认为，这也许是我们理解高度神秘的德国灵魂的钥匙。

我不想深入探讨《古兰经》的其他细节，只想强调另一点：建造对抗歌革和玛各（又叫雅朱者和马朱者）的壁垒。这一主题是对前面海德尔最后行为的重复，即重新建造城墙。这次建造的墙壁是对雅朱者和马朱者的有力防御。这段文字可能与《启示录》有关：

> 那一千年完了，撒旦必从监牢里被释放，出来要迷惑地上四方的列国，就是歌革和玛各，叫他们聚集争战。他们的人数多如海沙。他们上来遍满了全地，围住圣徒的营，与蒙爱的城。

在这里，左勒盖尔奈英接过了海德尔的角色，为住在"两山之间"的人民建造了不可逾越的壁垒。显然，这就是需要对抗没有特征的敌对群体雅朱者和马朱者的中间地点。在心理学上，这仍然是在中间地点做王的自性问题，《启示录》称这个地点为蒙爱的城（耶路撒冷，世界中心）。

自性是刚出生就遭到集体嫉妒力量威胁的英雄，是被所有人觊觎、引发嫉妒冲突的宝石，也是被古老邪恶的黑暗力量肢解的神。在心理学意义上，个体化是违背自然的创作，它在集体层面制造空白恐惧，很容易在心理集体力量的影响下崩溃。两位益友的神秘传说承诺为那些在探索中找到宝石的人提供保护①。不过，到了某个时候，根据安拉的神意，就连铁制壁垒也会分崩离析。在这一天，世界会终结，或者，从心理学角度讲，个体意识将在黑暗之水中熄灭，也就是说，人们会主观感受到世界的终结。这意味着意识此时重回它最初诞生的黑暗，就像海德尔的岛屿一样。这是死亡的时刻。

接着，传说沿着末世学的思路继续展开：那一天（最后审判日），光明返回永恒的光明，黑暗返回永恒的黑暗。对立事物被分开，没有时间的永恒状态出现。由于对立事物绝对分离，因此这种状态极度紧张，对应于奇异的初始状态。这与

---

① 正如狄俄斯库里会帮助那些在海上遇到危险的人。

将终结看作对立复合体的观点形成了对比。

在对永恒、天堂和地狱的展望中，第十八章结束了。这一章看似缺乏条理，拐弯抹角，但它为重生的心理转变绘制了近乎完美的画面。今天，凭借更加深刻的心理学理解，我们将其看作个体化过程。由于传说中的时代很伟大，伊斯兰先知又具有非常原始的心态，因此这一过程完全发生在意识领域之外，被投射成一个或一对朋友及其事迹的神秘传说形式。所以，它多用引喻，缺乏逻辑条理。不过，这个传说极为出色地表达了模糊的转变原型，阿拉伯热情的宗教爱洛斯对它非常满意。所以，海德尔形象在伊斯兰神秘主义中扮演着重要角色。

第三章

精神在童话中的现象

第三章 精神在童话中的现象

在科学研究中，只有当研究者需要对于某个对象作出具有科学有效性的陈述时，他才需要将这个对象看作已知的，这是一条铁律。这里的"有效"仅仅意味着可以被事实证明的事情。研究对象是自然现象。在心理学上，最重要的现象之一是陈述，尤其是它的形式和内容，后者对于心理性质而言也许是最重要的。通常，研究者首先要描述和安排事件，然后仔细研究其现实行为的规律。在自然科学中，只有当外部存在阿基米德点时，你才能对你观察的物质进行研究。对于心理学，这种外部观察点并不存在——只有心理才能观察心理。因此，我们无法获得关于心理物质的知识，至少无法通过目前可用的途径获得。这并不意味着未来的原子物理学无法向我们提供上述阿基米德点。不过，我们目前最精妙的钻研只能确定陈述所表达的内容，也就是心理的表现。诚实的研究者会虔诚地回避物质问题。我认为，向读者介绍心理学无法摆脱的局限性并非多余，因为读者可以由此理解现代心理学的现象学视角，而这并不是所有人都能理解的。这种视角并不排除信仰、信念和任何经验确定性的存在，也没有怀疑它们可能的有效性。虽然心理学对于个体和集体生活非常重要，但它完全无法从科学意义上证明其有效性。你可能会对科学的无能感到失望，但这并不能使它跳出自己的影子。

一、关于"精神"一词

"精神"一词有许多用法,因此你需要努力弄清它能表达的所有含义。我们说,精神是与物质相对立的本体。它是指无形物质或存在形式,其最高、最普遍的层面叫做"神"。我们还会把这种无形物质想象成心理现象甚至生命本身的载体。与这种观点相矛盾的是精神和自然的对比。在这里,精神的概念局限于超自然或反自然,失去了与心理和生命的重要联系。斯宾诺莎认为,精神是唯一实体的一种属性,这种观点暗示了类似的局限性。万物有灵论走得更远,将精神看作物质的一种性质。

一种常见观点将精神看作高级活动本体,将心理看作低级活动本体。相反,炼金术师将精神看作灵魂和身体的韧带,将其看作植物精神(生命精神或神经精神）。另一种同样常见的观点认为，精神和心理本质上是相同的，它们的区分具有随意性。冯特（Wundt）将精神看作"内心存在，与外部存在的联系无关"。其他人将精神局限于某些心理能力、功能和特征，比如思考和推理能力，以便与更具"灵魂色彩的"感情相区别。在这里，精神意味着所有理性思维和智力现象的总和，包括意志、记忆、想象、创造力以及由理想激励的抱负。精神还有生气勃勃的内涵。比如，我们说一个人"有精神"，这表示他多才多艺，足智多谋，头脑聪明、机智、出乎意料。精神还可以表示某种态度及其隐含的原则，比如一个人"受到了基于裴斯泰洛齐（Pestalozzi）精神的教育"，或者"魏玛精神是不朽的德国遗产"。一个特殊的例子是时代精神，或者说年代精神，它代表了某些集体观点、判断和行为背后的原则和动力。还有"客观精神"[①]，它表示一个人的全部文化财产，特别是智力和宗教成就。

---

① 黑格尔术语，大约相当于我们的"人之精神"。

根据语言用法，态度意义上的精神无疑倾向于人格化：你也可以将裴斯泰洛齐精神具体看作他的灵魂或意象，正如魏玛精神是歌德和席勒的人格化影子，因为精神还有逝者灵魂这一幽灵含义。"精神的冰冷气息"一方面指出了 ψυχη 与 ψυχρος 和 ψυχος 古老的密切联系，后两个词语均表示"寒冷"，另一方面指出了 πνευμα 的原始含义，它仅仅表示"运动的空气"。类似地，阿尼姆斯和阿尼玛与 ανεμος（风）有关。德语单词 Geist 大概与起泡、沸腾和发酵事物关系更加密切，所以，它显然与 Gischt（泡沫）、Gascht（酵母）、ghost（鬼魂）以及富含情感的 ghastly（恐怖）和 aghast（惊骇）有关。从远古时起，情绪就被看作着魔。所以，我们今天仍然会说，暴躁的人被魔鬼控制了，或者邪灵进入了他里面[1]。根据古代观点，死者的精神或灵魂很稀薄，像蒸气和烟雾一样。类似地，在炼金术师看来，精神是微妙、易变、活跃、活泼的实质，就像他们理解的酒精

---

[1] 参考我的《精神与生命》。

和所有神秘物质一样。在这个层面上，精神包括盐精神、氨水精神、甲酸精神等。

考虑到"精神"一词的上述大约20种含义和含义层次，心理学家很难从概念上为精神主题划定界限。另一方面，他们描述这一主题的任务也减轻了，因为它的众多角度为精神现象构建了生动具体的画面。我们关心某种功能情结，这种情结起初在原始层面上被看作像呼吸一样无形的"存在"。威廉·詹姆斯（William James）在《宗教经历的种类》中为我们生动描述了这种原始现象。另一个著名例子是五旬节派奇迹的风。原始人很自然地将这种无形存在拟人化为鬼魂或魔鬼。死者的灵魂或精神与活人的心理活动相同，它们只是在继续这种活动而已。这隐含了心理是一种精神的观点。所以，当个体出现某种心理活动、并且感觉这种活动属于他自己时，这种活动是他自己的精神。如果出现令他感觉陌生的心理活动，它就是其他人的精神，可能会导致着魔。前一种精神对应于主观态度，后一种精神对应于舆论、时代精神或者原始而非人的类人性情，我们也称之为潜意识。

精神总是活跃的、有翅膀的、迅速移动的存在，而且生动活泼，具有激励、鼓励、鼓动和启发作用，这与它最初风的性质相一致。用现代语言来说，精神是动态本体，因此构成了物质的经典对立面——即物质静止和惰性的对立面。大体上说，这是生与死的对比。这种对比随后的分化导致了精神和自然非常引人注目的对立。虽然我们认为精神具有活跃和活泼的本质，但是你不会真正觉得自然处于没有精神的死亡状态。所以，在这里，我们必须考虑下面的基督教假设：精神的生命远远高于自然的生命，因此和精神相比，自然和死亡差别不大。

人类精神思想这一独特发展依赖于一个事实：人们认识到精神的无形存在是一种心理现象，即一个人自己的精神，它不仅包括生命现象，而且包括正式产物。前者最突出的例子包括占据我们内心视野的意象和模糊表征；后者包括思考和推理，它们可以对意象的世界进行组织。通过这种方式，具有超越性的精神叠加在原始自然的生命精神之上，甚至转到了它的对面，尽管后者只是自然主义的。超越的精神成了超越自然和尘世的宇宙秩序本体，因此被命名为"神"，至少变成了唯一实体的属性（如斯宾诺莎所说），或者具有神性的人（如基督教所说）。

精神在相反的万物有灵方向上的相应发展——举重以明轻——是在唯物主义的反基督教支持下出现的。这种反应依据的假设是精神等同于心理功能的绝对确定性，而心理功能对大脑和新陈代谢的依赖正在变得日益明显。只要为唯一实体另取一个名字，称之为"物质"，你就可以得到完全取决于营养和环境的精神概念，其最高形式是智力或理性。这意味着最初像空气般的存在寄居在人的心里，像克拉格斯（Klages）这样的作家可以将精神看作"灵魂的对立面"[1]。因为当精神被降格为物质的从属性质时，精神最初的自发性撤退到了灵魂概念里。精神的天外救星性质需要保存在某个地方——如果不是保存在精神自

---

[1] 路德维格·克拉格斯，*Der Geist als Widersacher der Seele*。

第三章　精神在童话中的现象

身那里，就是保存在它的同义词灵魂那里。灵魂是像视线和风[1]一样的事物，像蝴蝶一样捉摸不定（阿尼玛，ψυχη）。

虽然精神的唯物主义概念并未在所有地方流行，但在宗教领域之外，它在意识现象领域仍然持续存在。精神作为"主观精神"开始表示纯内心现象，而"客观精神"并不表示普遍精神或神，而是仅仅表示组成人类组织和图书馆内容的智力和文化财产的总和。精神在非常广泛的领域失去了最初的性质，失去了自主性和自发性，只有宗教领域除外。在这里，至少在原则上，其原始性质没有受到影响。

在这段简述中，我们描述了一个实体，它作为直接心理现象呈现在我们面前，这种现象与其他心理不同。人们天真地认为，它的存在取决于身体影响，后者是其原因。精神和身体状况的直接联系并不明显。所以，人们认为，和狭义心理

---

[1] 灵魂来自古德语 saiwalo，可能与 αιολος（迅速移动，色彩的易变性，转变）同源。它还有"狡猾"和"诡诈"的含义；所以，将阿尼玛视为墨丘利的炼金术定义含有一丝概率意味。

现象相比，精神具有更强的非物质性。人们认为，狭义心理现象具有某种身体依赖性，而且本身具有某种物质性，就像属灵身体思想和中国鬼魂思想清晰显示的那样。考虑到某些心理过程与相应身体过程之间的密切联系，我们不能认为心理具有彻底的非物质性。与此相反，主流观点强调精神的非物质性，尽管不是所有人都认为精神也有属于自己的真实性。不过，我们并不容易理解，为什么只有我们假设的"物质"是真实的，精神却不是。即使是30年前的"物质"概念似乎也和现在存在很大区别。虽然非物质性思想本身不排除这种真实性，但大众总是将真实性与物质性相联系。精神和物质完全可能是同一个超越存在的不同形式。例如，密宗不无道理地指出，物质只是天神思想的具体化而已。唯一的直接真实性是意识内容的心理真实性。根据情况，它可能被认为具有精神或物质起源。

精神的特征首先是自发运动和活动原则；其次是独立于感官知觉自发地生成意象的能力；第三是对这些意象的自主全权处理。这个精神实体从外部接近原始人，随着发展水平的提高，它寄居在人的意识里，成了一种附属功能，从而看似失去了最初的自主性。这种性质目前只在最保守的视角即宗教视角下得以保留。神圣的 νους 被 φυσις 拥抱的神话体现了精神降格到人类意识领域的过程。这种持续多年的过程大概具有不可避免的必要性。如果宗教人士想要支持进化论，他们就会陷入很可怜的境地。对他们来说，明智做法不是阻碍不可阻挡的前进趋势，而是对其进行引导，使它的前进不会对灵魂造成致命伤害。所以，宗教应该不断让我们回忆精神的起源和原始性质，以免人们忘记他们正在将什么纳入自己，正在用什么填充自己的意识。精神不是人们自己创造的。相反，精神使人具有创造性，总是激励他，为他带来幸运的思想，使他维持强大、热情和富于灵感的状态。实际上，由于精神彻底充斥人的周身，因此他可能认为是他创造了精神，他"拥有"精神，这是最严重的危险。实际上，精神的原始现象占有了他，它看似是愿意实施人类意图的对象，但却像物理世界一样，用一千条锁链束缚了他的自由，成为了强迫性的思想力量。精神用自负威胁头脑简单的人类。关于自负，这个时代为我们提供了最为可怕、最具指导意义的案例。我们越是关注外部对象，忘记我们与自然的分化应该与相应的精神分化同步进行，以建立必要的平衡，危险就越大。如果外部对象没有得到内心对象的制衡，就会出现无节制的唯物主义，伴随着粗暴的傲慢和自主人格的灭绝，这在任何情况下都是集权民众国家的理想。

你很容易看到，常见的现代精神思想与基督教观点不符，后者将精神看作至善，看作上帝本身。当然，基督教还有邪灵思想。不过，现代精神思想也不能等同于邪灵思想，因为对我们来说，精神不一定是邪恶的，我们只能认为它具有道德无关性或中立性。当《圣经》说"上帝是灵"时，这听上去更像是物质定义或者限制条件。魔鬼似乎也具有同样奇特的精神物质，尽管它是邪恶而败坏的。堕落天使思想以及《旧约》中耶和华和撒旦的密切关系仍然体现了最初的物质身份。主祷文可能也体现了这种原始联系。主祷文说："不叫我们遇见试探"——这难道不是试探者即魔鬼本人的事情吗?

这引出了我们到目前为止完全没有考虑过的一个主题。我们已经使用了作为人类意识产物及其反映的文化和日常概念,以构建"精神"因素心理表现模式的画面。我们还没有考虑到,由于其最初的自主性①——这一点在心理学意义上是没有疑问的——精神完全可以自发地表现出来。

---

① 即使你承认精神的自我显现——比如幽灵——只是幻觉,它仍然是不受我们控制的自发心理事件。不管怎样,它是自主情结,这对我们的讨论已经足够了。

二、精神在梦中的自我表现

精神的心理表现显然具有原型性质——换句话说，被我们称为精神的现象取决于普遍存在于人类心理前意识结构中的自主原始意象。和之前一样，当我研究病人的梦境时，我首先遇到了这个问题。可以说，某种父亲情结拥有"精神"性质。也就是说，父亲意象导致了一些陈述、行为、趋势、冲动、观点等，你很难否认它们具有"精神"属性。这使我感到吃惊。在男性身上，积极父亲情结常常导致某种对于权威的轻信以及敬拜一切精神教义和价值观的明确意愿；在女性身上，它会导致最活跃的精神抱负和兴趣。在梦境中，决定性的信仰、禁令和明智的建议总是来自父亲形象。这个形象常常只包含一个发出最终审判的权威声音，这突显了它的无形性①。所以，象征精神因素的主要是"智慧老人"形象。有时，这个角色是由"真正的"精神即死者鬼魂扮演的。它也可能是怪异的地精形象或者会说话的动物，但是这种情况比较罕见。至少根据我的经验，侏儒形象主要出现在女性身上。在恩斯特·巴拉赫（Ernst Barlach）的戏剧《死亡日》（1912）中，斯泰斯巴尔特（Steissbart，"胡茬"）的地精形象与母亲存在联系，我觉得这很合理，正如贝斯（Bes）在卡纳克②与母神相联系。对男人和女人来说，精神也可能具有男孩或青年人的形象。在女人那里，它对应于所谓的"积极"阿尼姆斯，指示了意识精神努力的可能性。在男人那里，它的含义就没有这么简单了。它可以是积极的，此时它表示"更高"人格，即自性，或者炼金术师设想的国王之子③。它也可以是消极的，此时它表

---

① 参考《心理学与炼金术》，第115段。
② 卡纳克是埃及地名。
③ 参考梅斯特·埃克哈特的"裸男孩"幻象（埃文斯翻译，I，第438页）。

示婴儿期阴影①。在这两种情形中，男孩表示精神的某种形式。老人和男孩的意义是相同的。它们在炼金术中作为墨丘利的象征扮演着相当重要的角色。

你永远无法百分之百确定，梦境中的精神形象是否善良。它们常常表现出各种口是心非的迹象，甚至是彻底的恶意。不过，我必须强调，我们很难理解构造心理潜意识生命的宏大计划，因此永远无法知道为了通过物极必反原理生成善良，哪些邪恶是没有必要的，哪些善良很可能导致邪恶。有时，即使你怀着世界上最大的善意，你也只能将约翰（John）提出的证实精神看作为了观察最终结果而作出的谨慎耐心的等待。

智慧老人的形象极具可塑性，不仅在梦里如此，在幻象冥想（我们称之为"积极想象"）里同样如此。在印度，它有时显然代替了古鲁的角

---

① 我想提醒读者注意布鲁诺·格茨的小说 Das Reich ohne Raum 中的"男孩"。

色①。智慧老人在梦中以魔法师、医生、牧师、教师、教授、祖父和其他权威者的伪装出现。当具有人、小妖精或动物形象的精神原型出现时，总会有某个人需要洞见、理解、良策、决心、计划等思想，但却无法通过个人资源获得这些思想。原型通过专门弥补这种缺陷的内容来解决这种精神欠缺状态。一个绝佳案例是关于黑白魔法师的梦境，这个梦境试图解决一个年轻神学研究者的精神困境。我本人不认识这个做梦者，所以我的个人影响可以排除。在梦中，研究者面对着一个名为"白魔法师"的高贵僧侣，但他却穿着黑色长袍。这个魔法师刚刚结束长篇论述，最后一句是"为此，我们需要黑魔法师的帮助"。接着，门突然开了，另一个老人走了进来。他是"黑魔法师"，但他却穿着白袍，他看上去也很神圣高贵。

---

① 所以，有许多关于圣人和圣雄的神奇故事。我曾和一个印度文化人谈论古鲁。我问他，谁是他的古鲁。他说，他的古鲁是商羯罗（Shankaracharya，生活在8、9世纪）。"但他是著名的评论家。"我吃惊地说。对此，他回答道："是的，他是评论家，但我的古鲁自然是他的精神。"他一点也没有被我的西式困惑所影响。

黑魔法师显然想和白魔法师说话，但在做梦者面前，他欲言又止。对此，白魔法师指着做梦者说："你说吧，他什么也不懂。"于是，黑魔法师开始讲述一个奇怪的故事。他说，他发现了遗失的天堂钥匙，但不知道如何使用。他说，他想让白魔法师解释钥匙的秘密。他说，在他所在的国家，国王正在为自己寻找合适的坟墓。他的臣民偶然挖出了古老的石棺，里面是处女的遗体。国王打开石棺，扔掉骨头，将空石棺再次埋起来，供以后使用。骨头一见日光，它之前的主人——即处女——就变成黑马，跑进了沙漠。黑魔法师穿越沙漠去找它。经过千辛万苦，他发现了遗失的天堂钥匙。他的故事到此结束。遗憾的是，梦也到此结束。

在这里，梦境并没有像做梦者希望的那样，为他提供显而易见的解决方案；相反，它为他带来了一个问题。我已经提到了这个问题，我们在生活中一直在面对这个问题：一切道德评价的不确定性，善与恶令人困惑的相互作用，犯罪、受苦和救赎的残酷连锁。这条通往原始宗教经历的道路是正确的，但有多少人能认识到呢？它就像尚且微弱的声音，来自远方。它模糊、可疑、阴暗，预示着危险和危险的冒险。这是一条刀尖上的道路，没有保证，未经承认，只有为了上帝，你才会去走。

三、童话中的精神

我很想向读者提供一些更具现代气息的梦境材料，但我担心梦境的个人性质会对我们的阐释提出过高要求，我们无法在此提供足够的篇幅。所以，我们要转向民间传说。对于民间传说，我们不需要面对和纠结于可怕的个人病历，可以观察精神主题的变化，无须考虑比较独特的情况。和梦境类似，在神话和童话中，心理会讲述自己的故事，原型的相互作用体现在其作为"形成，转变，永恒头脑的永恒反应"的自然背景中。

精神类型作为老人的出现频率在梦境和童话中大致相同[1]。老人总是出现在主人公无助而

---

[1] 我在这里使用的童话素材来自 H. 冯·罗克斯先生（Roques）和玛利·路易斯·冯·弗朗茨医生（Marie-Louise von Franz）。

绝望的时候。此时，只有深刻的反思和幸运的思想——即某种精神功能或内心自主性——才能解救他。出于内部和外部原因，主人公无法独自做到这一点。所以，弥补缺陷所需要的知识以拟人化思想的形式出现，即以乐于助人的睿智老人形象出现。例如，在一则爱沙尼亚童话中[①]，一个小男孩失去了父母，受到了恶劣对待。他弄丢了一头奶牛，不敢回家，担心受到更多惩罚。所以，他逃跑了，想碰碰运气。自然，他陷入了无助的境地，没有明显的出路。他筋疲力尽，于是沉沉睡去。当他醒来时，"他感觉嘴里有某种液体，看到一个留着灰色长胡子的小个子老人站在面前，正在塞上小奶瓶的瓶塞。'再让我喝点奶吧。'男孩恳求道。'你今天喝得够多了，'老人回答道，'如果我没有碰巧遇到你，你一定不会醒来，因为当我发现你时，你已经半死了。'接着，老人问男孩是谁，想去哪里。男孩讲述了他能想起的一切经历，直到他昨天晚上遭受的毒打。'亲爱的孩

[①] *Finnische und estnische Volksmarchen*，68号，第208页（《孤儿男童是怎样意外走运的》）。

子,'老人说,'你的经历和其他许多孤儿差不多,他们敬爱的监护人和照顾者已在地下的棺木中长眠。你已经无法回头了。既然你已经逃出来,你就必须在世上寻找新的生路。我没有住所,没有家,没有妻儿,所以无法继续照顾你,但我会免费给你一些忠告。'"

到目前为止,老人讲述的都是故事主人公自己也能想到的事情。主人公被情绪压力左右,直接逃离了住所。他至少需要想到,他需要食物。此时,他也需要考虑他的处境。在这种情况下,他通常会思考直到不久前的整个人生经历。这种回忆是有用的,其目标是在一个人的一切精神和身体力量受到挑战的重要时刻将所有重要人格聚集起来,凭借这种统一力量打开未来的大门。没有人能帮助男孩做到这一点,他需要完全依靠自己。他无法回头。这种认识会为他的行动带来必要的决心。通过强迫他面对问题,老人帮助他下定了决心。实际上,老人象征了这种有目的的反思以及精神和身体力量的集中,它们是在意识以外的心理空间自发产生的,有意识思考在那里是不可能的——或者说不再可能。心理力量的集中和紧张看上去总是很神奇：它们会带来意外的忍耐力，这种忍耐力常常优于有意识的努力。你可以在基于催眠的人工专注实验里看到这一点：过去，在演示中，我常常对身体虚弱的癔病患者进行催眠，让她进入很深的睡眠中，然后把她的头搭在一把椅子上，把脚后跟搭在另一把椅子上，让她保持躺卧姿势。她的身体像木板一样僵硬。我让她保持一分钟左右。她的心率会逐渐上升到90。学生之中魁梧的年轻运动员即使凭借有意识的努力也无法做到这一点。他的身体中段会倒下来，心率会上升到120。

当智慧老人将男孩的思路带到这里时，他可以开始提出忠告了。也就是说，情况看上去不再毫无希望了。他建议男孩继续走，一路向东。七年后，他会抵达为他带来好运的大山。这座山的高大暗示了他的成年人格[①]。他集中力量的做法带

[①] 山代表朝圣和上升的目标，因此常常拥有自性的心理学含义。《易经》是这样描述山的："王用亨于西山。"（威廉·贝恩斯翻译，1967，第74页——第17卦，随卦）参考奥顿的霍诺留（Honorius of Autun, *Expositio in Cantica canticorum*, col.389）："山是先知。"圣维克多的理查说："你想看到改变容貌的基督吗？请登上那座山，学着自己了解。"（*Benjamin minor*, cols.53–56）

来了自信，因此是成功的最佳保障①。从此，他什么也不缺。"拿上我的袋子和瓶子，"老人说，"每天，你可以在里面找到你所需要的各种食物和饮品。"同时，他给了男孩一片牛蒡叶。每当男孩需要过河时，牛蒡叶就会变成小船。

在童话里，老人常常提出"谁""为什么""从哪里来"和"到哪里去"的问题，以引导自我反思，动员精神力量。而且，他常常提供必要的法宝②，即意外而不真实的成功力量，这是善良或邪恶的统一人格的特点之一。不过，老人——原型的自发客体化——的干预看上去同样不可缺少，因为意识意志力本身几乎永远无法将人格统一到可以靠这种特别力量取得成功的地步。为此，在童

---

① 在这方面，我们应该留意瑜伽现象。

② 他为寻找兄弟的女孩提供了一个线团，可以滚向她的兄弟（*Finnesche und Estnische Volksmarchen*，第260页，《竞争的兄弟》）。寻找天国的王子获得了自动船（*Deutsche Marchen seit Grimm*，pp.381f，《铁靴子》）。其他礼物包括使所有人跳舞的长笛（*Balkanmarchen*，第173页，《十二片面包屑》），导航球，无形拐杖（*Nordische Volksmarchen*，I，第97页，《有十二双金鞋的公主》），神奇狗（同上，第287页，《三只狗》），秘密智慧书（*Chinesische Volksmarchen*，第258页，*Jang Liang*）。

话和日常生活中，我们需要原型的客观干预，它可以用一连串内心对抗和意识限制单纯的情感反应。它们使"谁""哪里""怎样""为什么"等问题清晰浮现出来，使人认识到当前局面和目标。它所导致的启蒙和致命混乱的解决常常拥有积极神奇的一面——这是心理治疗师熟悉的经历。

老人使人思考的倾向还表现为催促人及早睡觉的形式。例如，他对寻找失踪兄弟的女孩说："躺下吧，人在早上比晚上更聪明。①"他还会看透主人公陷入麻烦的糟糕处境，至少可以向他提供信息，为他的旅途带来帮助。为此，他经常使用动物，尤其是鸟。老隐士对寻找天国的王子说："我在这里生活了三百年，但是从未有人向我询问天国。我本人无法告诉你。不过，这幢房子的另一层生活着各种鸟，它们一定可以告诉你。②"老

---

① *Finnische und estnische Volksmarchen*, loc.Cit。

② *Deutsche Marchen seit Grimm*，第 382 页，在巴尔干故事中（*Balkan-marchen*，第 65 页，《牧羊人和三仙女》），老人被称为"百鸟之王"。在这里，喜鹊知道所有答案。参考古斯塔夫·迈林克（Gustav Meyrink）的小说 *Der weisse Dominikaner* 中神秘的"鸽棚主人"。

人知道哪条路通往目标,并把它指给主人公[1]。他提醒危险的到来,提供有效应对危险的途径。例如,他对去取银水的男孩说,看守水井的狮子拥有骗人的把戏,可以睁着眼睛睡觉,闭着眼睛监视[2]。他还对骑马去神奇喷泉为国王取药水的年轻人说,他只能骑着马取水,因为潜藏的女巫会用套索套住所有来到喷泉的人[3]。当公主的情人变成狼人时,他让她生火,将一锅焦油放在上面。接着,她必须把她心爱的白百合放进沸腾的焦油里。当狼人到来时,她必须把焦油倒在它头上,以解除情人的魔咒[4]。有时,老人非常挑剔。例如,在高加索故事中,最小的王子想为父亲建造毫无瑕疵的教堂,以继承王位。他建造了教堂,没有人能发现瑕疵。这时,来了一个老人,他说:"你的确建造了一座很好的教堂!可惜主墙有点歪!"王子拆掉教堂,又建造了一座教堂,但老人再次

---

[1] *Marchen aus Iran*,第152页。

[2] *Spanische und Portugiesische Marchen*,第158页,《白鹦鹉》。

[3] 同上,第199页,《玫瑰女王或小汤姆》。

[4] *Nordische Volksmarchen*,卷1,p.231f,《狼人》。

发现了瑕疵。于是，王子建造了第三座教堂[①]。

所以，老人一方面代表了知识、反思、洞见、智慧、聪明和直觉，另一方面代表了善意和乐于助人等道德品质，这使他的"精神"性格非常清晰。由于原型是潜意识的自主内容，而童话通常是原型的具体化，因此童话会让老人出现在梦境中，就像现代人的梦境一样。在巴尔干故事中，主人公处境艰难，老人在他的梦中出现，对于别人要求他完成的不可能完成的任务提出了良好建议[②]。他与潜意识的关系在俄罗斯童话中得到了清晰体现。在那里，他被称为"森林之王"。当农民疲惫地坐在树桩上时，小个子老人喊道："他满脸皱纹，绿胡子垂到膝盖。""你是谁？"农民问道。"我是奥赫（Och），是森林之王。"小矮人说道。农民让放荡的儿子跟着他做事，"森林之王带着年轻人离开，把他领到地下世界，带他来到一座绿色茅屋……茅屋里的一切都是绿色的：墙是绿的，椅子是绿的，奥赫的妻子是绿的，孩子

---

① *Kaukasische Marchen*，pp.35f,《真假夜莺》。
② *Bakanmarchen*，第217页,《女魔头和土地童话》。

是绿的……等待他的小水女绿得像芸香一样"。就连食物也是绿的。在这里，森林之王是植物和树木的守护神，是森林的统治者，通过女水神与水相联系，这清晰表明了他与潜意识的关系，因为潜意识常常是用树木和水的符号来表示的。

当老人作为矮人现身时，他同样与潜意识存在联系。公主寻找情人的童话中写道："夜晚和黑暗降临了，公主仍然坐在同一个地方哭泣。当她坐在那里陷入沉思时，她听到有人和她打招呼：'晚上好，美丽的姑娘！你为什么如此孤独悲伤地坐在这里？'她急忙站起来，感到很困惑，这也难怪。她环顾四周，发现只有一个小个子老人站在前面，他向她点头，看上去非常和蔼淳朴。"在瑞士童话中，农民的儿子想为国王的女儿送一篮苹果，他遇到了"一个小伊西格人，他问篮子里是什么"。在另一段叙述中，"曼德利（Manndli）""穿着伊西格衣服"。"伊西格"（isig）很可能是指铁，而不是冰。如果是冰，它应该写作"冰（Is）衣服"①。小冰人是存在的，小金属人也是存在的，实际上，据我所知，在现代人的梦境中，甚至出现过小黑铁人，他在重要关头出现，就像这个乡下佬想娶公主的童话故事一样。

在一系列现代幻象中，智慧老人的形象多次出现，一次具有正常大小，出现在被高石墙环绕的深坑底部；另一次，他是山顶的小人，位于低矮的石制围墙里。我们在歌德的小公主故事中看到了相同的主题，那个公主住在盒子里②。在这方面，我们还可以提到佐西莫斯（Zosimos）幻象中的小铅人③，以及住在矿坑里的金属人，古代灵巧的精灵，炼金术师所说的侏儒，地精类的淘气鬼、棕仙、小精灵等。在一次严重登山事故中，我明白了这些概念的真实性：灾难过后，两名登山者在光天化日之下共同看到，一个身穿连帽衫的小人从冰面难以靠近的裂缝中爬出来，穿过冰

---

① 这是格林兄弟收集的第84个童话故事即格里芬故事中的内容。这段文字中有许多语音错误。

② 歌德，《新梅露西娜》。

③ 参考《佐西莫斯幻象》。

川，为两个人带来了持续恐慌。我经常遇到一些主题，它们使我觉得潜意识一定是无穷小的世界。这种想法可以根据某种模糊的感觉合理推导出来，这种感觉是：在所有这些幻象中，我们面对的都是内心事物。其推论是，能够装入大脑的事物一定非常小。我不赞同这类"合理"猜测，但我认为它们并非毫无可取之处。在我看来，这种对于微小和巨大——比如巨人——的喜好很可能与潜意识中空间和时间关系奇特的不确定性有关[1]。人的比例意识和关于大小的理性观念明显具有拟人性，不仅在物理现象领域无效，在超越明确人类范畴的集体潜意识领域同样无效。阿特曼"比小还小，比大还大"，它只有"拇指大小"，但却"从各个方向囊括地球，统治十指空间"。歌德说，加比里（Cabiri）"力量很小，力量很大"。类似地，智慧老人的原型很小，几乎无法感知，但却拥有巨大能力，任何研究本质的人都会看到这一点。原型和原子世界都有这种奇特性。我们看到，

---

[1] 在西伯利亚童话中（*Marchen aus Sibirien*，第13号，《变成石头的人》），老人拥有直插天际的白色形象。

研究者越是深入微观物理世界，那里蕴含的爆炸力量就越具毁灭性。最大的影响来自最小的原因，这不仅在物理学领域很明显，在心理学研究中也很明显。在生命中的关键时刻，一切常常取决于看似无关紧要的事情，这种情况还少吗？

在一些原始童话中，老人被等同于太阳，这体现了原型的启发性。他带着火把，用于烤南瓜。吃完南瓜，他再次将火把带走。于是，人类从他那里盗窃火种[1]。在北美印第安故事中，老人是拥有火种的巫医[2]。精神也有火热的一面，《旧约》的文字和五旬节派神迹故事可以证明这一点。

我们说过，除了聪明、智慧和洞见，这个老人还以道德品质著称；而且，他还会测试其他人的道德品质，根据测试提供礼物。在养女和亲女儿的爱沙尼亚童话中，有一个很有启发性的例子。养女是孤儿，以顺从和行为端正著称。在故事一

---

[1] *Indianermarchen aus Sudamerika*，第285页，《世界的终结与偷火》——玻利维亚人。

[2] *Indianermarchen aus Nordamerika*，第74页，马纳博斯故事：《盗窃火种》。

开始，她的卷线杆掉到了井里。她跳了进去，但是没有淹死，而是来到了一个神奇的国家。在那里，她继续寻找卷线杆，遇到了奶牛、公羊和苹果树，并且帮助它们实现了愿望。接着，她来到了一间浴室。一个肮脏的老人坐在那里，想让她帮他洗澡。接下来的对话是："美丽的姑娘，美丽的姑娘，请为我洗澡，我太脏了，很难受！""我用什么为炉子加热呢？""请收集木桩和乌鸦粪便，用它们生火。"她捡了柴火，然后问，"我去哪儿弄洗澡水呢？""那边的谷仓下面有一匹白马。让它在盆里撒尿。"她取来了清水，然后问，"我去哪儿拿搓澡巾呢？""切下白马的尾巴，用它制作搓澡巾。"她用白桦树枝制作了搓澡巾，然后问，"我去哪儿拿肥皂呢？""找一块浮石，用它给我搓澡。"她从村子里取来肥皂，给老人洗了澡。

作为回报，他给了她一个袋子，里面装满了黄金和宝石。家里的女儿自然感到嫉妒，她也把卷线杆扔到井里，但她立刻在井里找到了卷线杆。她没有放弃，把养女做对的事情全部做错，受到了相应的惩罚。这一主题经常出现，我已无需举出更多例子。

人们很想通过某种方式将超乎常人、乐于助人的老人形象与上帝联系起来。在士兵和黑暗公主的德国故事中[①]，受到诅咒的公主每天晚上爬出铁棺材，吞下在坟墓站岗的士兵。轮到某个士兵站岗时，他试图逃跑。"当晚，他开溜了，跑过田野和山岗，来到一片美丽的草地。突然，一个留着灰色长胡子的矮个子老人出现在他面前。原来，这个老人是上帝，他已经无法忍受魔鬼每天晚上制造的罪恶了。'你想去哪儿？'灰胡子老人说，'我能跟你走吗？'矮个子老人看上去很友好，因此士兵表示他正在逃跑，并把逃跑的原因告诉了老人"。和往常一样，老人提出了忠告。这个故事将老人天真地看作上帝，正如英国炼金术师乔治·里普利爵士（Sir George Ripley）[②]将"老国王"描述为"亘古常在者"。

[①] *Deutsche Marchen seit Grimm*，pp.189ff。

[②] 见他的《坎蒂列那》（15世纪）。参考 *Mysterium Coniunctionis*，第374段。

所有原型既有积极、有利、光明、向上的一面，也有半带消极不利、半带阴暗，但在其他方面仅仅具有中立性的向下的一面。精神原型也不例外。就连它的矮人形象也暗示了某种局限性，暗示了它是从地下冒出的自然主义植物守护神。在巴尔干故事中，老人被维利（Vili）挖掉了一只眼睛。维利是一种长翅膀的魔鬼。主人公的任务是让维利归还眼睛。所以，老人失去了观察阴暗魔鬼世界的部分视力——即他的洞察力和启蒙。这种残疾可以使人联想到奥西里斯的命运。奥西里斯在看到黑猪（他的邪恶兄弟塞特）或者沃旦（Wotan）时失去了一只眼睛，后者用他的眼睛祭祀密米尔泉。极具标志意义的是，在我们的童话中，老人的坐骑是山羊，这象征着他本人拥有阴暗的一面。在西伯利亚故事中，他以独腿独臂独眼灰胡子的形象出现，用铁杖唤醒了一个死人。在故事中，这个人在多次复活后误杀老人，从而失去了好运。这个故事名为《半边老人》。实际上，老人的残疾表明，他只有半边，另外半边是无形的，以追杀主人公的杀人犯形象出现。最终，主人公成功杀死了持续追杀他的人。不过，在争斗中，他也杀死了半边老人，这清晰表明了两名死者相同的身份。所以，老人可以是他自己的对立面，既是生命提供者，又是夺命者——正如赫尔墨斯所说，"二者兼顾"[①]。

在这些情形中，每当"简单"而"善良"的老人现身时，你最好通过直觉判断和其他方法仔细检查上下文。例如，在我们首先提到的受雇男孩丢失奶牛的爱沙尼亚故事中，你会怀疑，老人事先偷走了奶牛，以便为他的门徒提供绝佳的逃跑理由，因为他刚好非常幸运地出现在那里，为男孩提供帮助。这完全有可能，因为日常经验表明，对于命运的下意识高级预知完全有可能构造某种讨厌的意外，而这仅仅是为了胁迫我们头脑简单的自我意识去走它应该走的道路，而它由于单纯的愚蠢永远无法亲自发现这一点。如果孤儿猜到老人神奇地带走了他的奶牛，他就会将老人看作居心不良的山精或魔鬼。老人的确有邪恶的

[①] 普鲁登修斯，*Contra Symmachum*，I，94（汤普森译，I，第356页）。参考胡戈·拉纳尔，*Die seelenheilende Blume*。

一面，正如原始巫师一方面治疗和帮助别人，另一方面也会调制可怕的毒药。Φαρμαχον一词既表示"毒药"，也表示"解药"。实际上，毒药也可以是解药。

老人还具有模糊的小精灵形象——参考极具启发性的梅林（Merlin）形象——他的某些形象似乎是善良的化身，某些形象又很邪恶。他还可以是邪恶的魔法师，出于单纯的利己主义而作恶。在西伯利亚童话中，他是邪灵，"头上有两座湖，里面有两只鸭子在游泳"。他以人肉为食。在这个故事里，主人公及其同伴去邻村赴宴，把狗留在家中。根据"猫不在家，老鼠成精"原则，狗也安排了一场宴会。当宴会达到高潮时，它们全体扑向肉店。当人们回家时，他们赶走了狗，后者冲进了荒野。"接着，造物主对故事主人公埃梅姆奎特（Ememqut）说：'带着你的妻子去找狗。'"不过，主人公遇到了可怕的暴风雪，只能躲在邪灵的茅屋里。接着，害人反害己的著名主题出现了。"造物主"是埃梅姆奎特的父亲，但造物主的父亲叫"自创者"，因为他创造了自己。虽然故事没有说，头上有两座湖的老人把主人公和妻子引到了茅屋里，以填饱肚子。但你可以猜测，某种非常奇特的精神一定进入了狗群，使它们像人一样举行宴会，之后违背本性，逃之夭夭，使埃梅姆奎特不得不外出寻找它们，接着，主人公遇到了暴风雪，这是为了让他投入邪恶老人的怀抱。自创者的儿子造物主参与了这一计划，这引出了一个复杂的问题，我们最好将其留给西伯利亚神学家去解决。

在巴尔干童话中，老人给了没有孩子的沙皇皇后一颗神奇苹果，皇后吃了以后怀孕生下一子。根据约定，老人要做他的教父。男孩成了讨厌的小恶棍，欺负所有孩子，屠杀牛群。在十年时间里，人们没有给他起名字。接着，老人出现了，将刀子塞进他的腿里，称他为"刀王子"。现在，男孩想出去冒险。他的父亲经过漫长的犹豫，最终同意了。他腿上的刀子非常重要：如果他自己把刀子取出来，他就会活下来；如果其他人把刀子取出来，他就会死去。最终，刀子为他带来了厄运，因为一个老女巫在他睡觉时把刀子取了出来。他死了，但他交到的朋友使他复活了[①]。在这里，老人是帮助者，但也是危险命运的谋划者，这种命运很容易使他走向绝路。邪恶很早就出现了，清晰体现在男孩的邪恶性格中。

在另一则巴尔干故事中，我们的主题有一个值得一提的变体：国王正在寻找被陌生人劫持的妹妹。他来到一个老妇人的茅屋。老妇人警告他不要继续寻找。不过，一棵结有水果的树木一直在他面前后退，引诱他离开了茅屋。当树木最终停下时，一个老人从树枝上爬下来。他款待国王，领他来到一座城堡。国王的妹妹住在那里，她成了老人的妻子。她对哥哥说，老人是邪恶的精灵，想要杀掉他。当然，三天后，国王消失了。此时，他的弟弟前来寻找他，并且杀掉了化身为龙的邪恶精灵。由此，一个英俊的年轻人从魔咒中获得释放，他立刻娶了国王的妹妹。起初作为树木守护神现身的老人显然和妹妹存在联系。他是杀人犯。在插叙中，他对整个城市施了魔法，将其变

[①] *Balkanmarchen*，pp.34ff,《沙皇之子及其两个同伴的事迹》。

成了钢铁，即将其固定住，使之无法移动[①]。他还俘虏了国王的妹妹，不让她回到亲戚那里。这意味着妹妹被阿尼姆斯支配了。所以，你应该把老人看作她的阿尼姆斯。从国王被吸引到这里和他寻找妹妹的方式来看，他的妹妹对他具有阿尼玛意义。所以，老人的重要原型首先占有了国王的阿尼玛——即从他那里偷走了阿尼玛化身的生命原型——迫使他寻找失去的魅力，即"难以获得的财宝"，从而使他成了神话英雄，即体现自性的高级人格。同时，老人又扮演了恶人角色，只能被强行消灭，最后作为妹妹阿尼玛的丈夫出现。更恰当地说，是作为灵魂的新郎出现，他赞美象征对立和对等事物统一的神圣乱伦。这种大胆的物极必反是很常见的现象，它不仅象征着老人的回春和转变，而且暗示了邪恶与善良以及善良与邪恶隐秘的内在关系。

所以，在这个故事中，我们看到老人的原型伪装成作恶者，参与到一波三折的个体化过程中，

[①] 同上，pp.177ff,《海外女婿》。

这个过程终止于神圣婚礼的暗示。相反，在森林之王的俄罗斯故事中，老人的原型最初善良而乐于助人，但是拒绝让他雇用的男孩离开。所以，故事的主要情节是男孩反复试图逃离魔法师的魔爪。这里用逃跑代替了探索，但它似乎赢得了和大胆冒险相同的回报，因为主人公最后娶了国王的女儿。魔法师得到了恶人有恶报的结局。

四、童话中的动物精神象征主义

如果不考虑某种特殊表现形式，即动物形式，我们对于这种原型的描述就是不完整的。这实际上属于神和魔鬼的兽形化，拥有相同的心理学意义。动物形式表明，我们考虑的内容和功能仍然处于超人领域，即处于超出人类意识的水平上，因此一方面具有魔鬼式超人成分，另一方面具有野兽的亚人成分。不过，你必须记住，这种划分只适用于意识领域内部。在这里，它是思想的必要条件。逻辑学认为，没有第三种可能，这意味着我们无法将对立事物设想成一体。换句话说，虽然顽固矛盾的消除对我们来说只是一种假设，但它对潜意识来说并非如此。所有潜意识内容都具有矛盾性或对立性，包括存在类别。如果不熟悉潜意识心理学的人想获得这方面的实用知识，我推荐他研究基督教神秘主义和印度哲学。在那里，他会看到关于潜意识矛盾性最清晰的解释。

到目前为止，老人的外表和行为看上去比较像人，但他的神奇力量和精神优越性暗示了他位于人类层次以外，或者以上，或者以下，不管他是好是坏。对于原始人和潜意识来说，老人的动物属性并不意味着贬值，因为在某些方面，动物优于人类。它还没有误闯入意识，或者让任性的自我对抗它所依托的力量；相反，它满足了以近乎完美的方式驱动它的意志力。如果它有意识，它的道德就会优于人类。人类堕落的传说拥有深刻的主旨：它表达了悲观的预感，认为自我意识的解放是路西法式行为。人类整个历史从一开始就是由自卑感和傲慢的冲突组成的。智慧寻找中间道路，并为这种大胆付出了代价：它与魔鬼和野兽之间出现了可疑的相似性，因此可能遭到道德误解。

在童话中，我们不断遇到乐于助人的动物主题。这些动物像人一样行动，说人话，表现出了超越人类的精明和知识。在这些情形中，我们有理由认为，精神的原型通过动物形式得到表达。在一则德国童话中①，一个年轻人在寻找失踪的公主时遇到了狼。狼说:"不要害怕!告诉我，你想去哪儿?"年轻人讲述了他的故事。于是，狼给了他几根狼毛，作为神奇礼物，年轻人随时可以用狼毛把狼召唤出来。这段插曲和遇到有益老人的情节非常相似。在这个故事中，这个原型还表现出了邪恶的另一面。为了说明这一点，我要概述这个故事:

当年轻人在树林里照看猪群时，他发现了一棵大树，树枝隐藏在云朵中。"如果从这棵大树顶部观看世界，会是什么样子呢?"他自言自语道。于是，他向上攀爬。他爬了一整天，但是还没有爬到树枝那里。夜晚到来了，他只能在树杈上过夜。第二天，他继续爬。到了中午，他爬到了树叶那里。直到傍晚，他才抵达位于树枝上的村庄。那里的农民给他食物，让他过夜。早上，他继续

---

① *Deutsche Marchen seit Grimm*, pp.1ff,《树上的公主》。

往上爬。临近中午时,他抵达了一座城堡,里面住着一个少女。他发现,这里已是树木最高处。少女是国王的女儿,被邪恶的魔法师囚禁。于是,年轻人和公主呆在一起,她允许他进入城堡的所有房间,只有一个房间除外。不过,他非常好奇,打开了门锁。在房间里,他看到一只被三颗钉子钉在墙上的渡鸦。一颗钉子穿过它的喉咙,两颗钉子穿过它的翅膀。渡鸦说它口渴。年轻人可怜它,给它水喝。渡鸦每喝一口水,一颗钉子就会掉下来。当它喝到第三口时,它获得了自由,从窗户飞了出去。公主听到声音,非常害怕,说:"那是对我施魔法的魔鬼!他很快就会再次把我抓走。"果然,一个晴朗的早晨,她消失了。

于是,年轻人开始寻找她。就像前面说的那样,他遇到了狼。他以同样的方式遇到了熊和狮子,它们也给了他一些毛。狮子还告诉他,公主被囚禁在附近的狩猎小屋里。年轻人找到了小屋和公主。公主告诉他,她无法逃跑,因为猎人有一匹三条腿的白马,它无所不知,一定会提醒主人。年轻人仍然试图带她逃跑,但是没有成功。

猎人追上了他。由于年轻人在他还是渡鸦时救了他一命，因此他放走了年轻人，带着公主离开了。当猎人消失在树林里时，年轻人偷偷返回小屋。他让公主哄骗猎人，问他是怎样得到聪明的白马的。她在晚上成功做到了这一点。躲在床下的年轻人得知，在距离狩猎小屋大约一小时行程的地方，住着一个饲养神马的女巫。谁能看守马驹三天，谁就能选择一匹马作为报酬。猎人说，过去，她常常会同时赠送12只羊羔，用于应付住在农场附近森林里的12只饿狼，不过，她没有给他羊羔。所以，当他骑马离开时，狼群跟在后面。当他离开她的地盘时，它们成功扯下了一只马蹄。所以，他的马只有三条腿。

接着，年轻人立刻去寻找女巫，并且同意为她帮忙，条件是她不仅要让他挑选一匹马，而且要给他12只羊羔。她同意了。她立刻让马驹跑开。为了让他睡着，她给了他白兰地。他喝了白兰地，睡着了，马驹逃跑了。第一天，他在狼的帮助下抓到了马驹。第二天，熊帮助了他。第三天，狮子帮助了他。现在，他可以去选马了。女巫的小女儿告诉他，其中一匹马是她母亲的坐骑。这自然是最好的马，它也是白马。他刚把马牵出马厩，女巫就刺穿了四只马蹄，将马的骨髓从骨头里吸出来。她用骨髓制作了蛋糕，给了年轻人，让他在路上吃。马变得非常虚弱，快要死了，但年轻人让它吃了蛋糕。于是，马恢复了之前的力量。他用12只羊羔安抚了12只狼，毫发无伤地离开树林。接着，他去接公主，带着她逃跑了。三蹄马通知了猎人，猎人开始追赶他们。由于四蹄马拒绝奔跑，因此猎人很快追了上来。此时，四蹄马对三蹄马喊道："妹妹，把他扔下来！"魔法师被扔下来，被两匹马踩成碎片。年轻人让公主骑上三蹄马，二人来到她父亲的王国，在那里成婚。四蹄马恳求他砍下它们的脑袋，否则它们就会为他带来灾难。他照做了。两匹马变成了英俊的王子和非常美丽的公主。不久，他们返回了"他们自己的王国"。他们很久以前被猎人变成了马。

特别有趣的是，除了这个故事的动物精神符号，认识和直觉功能是由坐骑代表的。这等于是说，精神可以是某人的财产。例如，三蹄白马是邪恶猎人的财产，四蹄马是女巫的财产。在这里，精神部分是功能，它和其他客体（马）一样，可以更换主人；部分是自主主体（作为马匹主人的魔法师）。通过从女巫那里获得四蹄马，年轻人将某种特殊形式的精神或思想从潜意识的掌控中释放出来。和其他地方类似，在这里，女巫代表自然之母或潜意识最初的"母权"状态，暗示了潜意识对面只有脆弱而缺乏自主性的意识这一心理构成。四蹄马的表现优于三蹄马，因为它可以指挥三蹄马。由于四位一体是完整的象征，而完整性在潜意识的意象世界中扮演着重要角色[①]，因此四蹄马对三蹄马的胜利并不是完全出乎意料的。不过，三和四的对立意味着什么？或者说，三和完整相比意味着什么？在炼金术中，这个问题被称为玛利亚公理，它在炼金术哲学中持续了1000多年，最终在《浮士德》的加比里场景中被再次提起。最早的文献记录见于柏拉图《蒂迈欧篇》

---

① 关于四位一体，我想提到我之前的作品，特别是《心理学与炼金术》和《心理学与宗教》。

的开场白①，歌德也提到了这一点。在炼金术师的文字中，我们可以清晰看到，神圣三位一体的对立面是卑微阴暗的三位一体（类似于但丁的三头魔鬼）。它代表了一种本体，其符号暗示了它与邪恶的相似性，尽管我们无法确定它仅仅代表了邪恶。相反，一切都指向一个事实：邪恶及其常见符号属于描述阴暗、夜间、卑微、地府元素的一类形象。在这种象征中，低级与高级存在相反的对应关系②。也就是说，它和高级事物一样，被看作三位一体。三是阳数，它与邪恶猎人的联系是合理的。你可以从炼金术角度将猎人看作卑微的三位一体。四是阴数，被赋予老妇人。两匹马是神兽，会话说，很聪明，因此代表潜意识精神，它有时隶属于邪恶魔法师，有时隶属于老女巫。

三和四之间存在男性和女性的基本对立。不

---

① 我所知道的关于这个问题的最早记录是荷鲁斯的四个儿子，其中三个儿子有时被描述为拥有兽首，第四个儿子拥有人首。它在时间上与以西结（Ezekiel）看到的四种生物有关，这一点后来在四福音书作者的特征上重新出现。三人拥有兽首，一人拥有人首（天使）。

② 根据《翠玉录》中的格言，"上方之物正如下方之物"。

过，四是完整的象征，三却不是。根据炼金术，三代表极性，因为一个三位一体总是以另一个三位一体为前提，正如高以低为前提，光明以黑暗为前提，善以恶为前提。从能量角度看，极性意味着势能。只要有势能，就可能有电流，有事件的流动，因为对立事物的紧张需要平衡。如果你将四位一体想象成被对角线分成两半的正方形，你会得到两个三角形，其顶点指向相反方向。所以，你可以从比喻意义上说，如果四位一体象征的完整性被分成相等的两半，它会生成两个相反的三位一体。这种简单的反思说明了如何从四得到三。类似地，俘虏公主的猎人解释说，他的马从四条腿变成了三条腿，因为一只马蹄被12只狼扯掉了。所以，三条腿源于意外，它发生在马儿离开黑暗母亲领地的时候。用心理学的话说，当潜意识完整性得到显现，即离开潜意识，进入意识领域时，四个中的一个留在后面，被潜意识的空白恐惧牢牢抓住。三位一体由此产生。根据象征主义历史而不是童话，我们知道，这导致了与之相反的三位一体①。换句话说，冲突出现了。在这里，我们同样可以像苏格拉底那样提问，"一，二，三——不过，我亲爱的蒂迈欧，在昨天是赴宴者、今天是宴请者的人之中，谁是第四个呢？②"他一直留在黑暗母亲的领域，被潜意识像狼一样贪婪地抓住，后者不愿意让任何事物逃离它的魔爪，除非它牺牲生命。

　　猎人或老魔法师和女巫对应于潜意识魔法世界的消极父母意象。在故事中，猎人起初以黑渡鸦的形象出现。他掳走了公主，将她囚禁起来。她称他为"魔鬼"。不过，他本人却被关在城堡的禁室里，被三颗钉子钉在墙上，就像被钉在十字架上一样，这很奇怪。他像所有狱卒那样被囚禁在自己的监狱里，像所有诅咒别人的人一样受到限制。两个人的监狱位于大树顶部的神奇城堡里，这棵树大概是世界树。公主属于靠近太阳的上层光明区域。她坐在世界树上，遭到囚禁。她是一

---

① 参考《心理学与炼金术》，图54和第539段；《精灵墨丘利》第271段作出了更加详细的描述。

② 这段未经解释的文字被认为来自柏拉图的《笑话》。

种人间阿尼玛,被黑暗力量所掌握。不过,这种掌握似乎并没有为黑暗力量带来太多好处,因为公主的劫持者被三颗钉子钉在十字架上。这种十字架刑罚显然代表了痛苦的束缚和悬挂状态,适合惩罚那些像普罗米修斯(Prometheus)那样莽撞地进入对立原则轨道冒险的人。这就是渡鸦即猎人所做的事情,它强暴了上层光明世界的宝贵灵魂,所以,作为惩罚,他被钉在上层世界的墙上。很明显,这是原始基督教意象的反向映射。将人类灵魂从世界王子支配中释放出来的救世主被钉在地上的十字架上,正如偷公主的渡鸦由于放肆的举动被钉在世界树天空树枝的墙上。在童话里,魔咒的奇特工具是三颗钉子。故事没有交待囚禁渡鸦的人是谁,但似乎有人以三位一体的名义向渡鸦施了魔咒[1]。

年轻的主人公爬上世界树,进入神奇城堡,他将在这里解救公主。他可以进入所有房间,只有一个房间除外,即囚禁渡鸦的房间。正如天堂

---

[1] *Deutsche Marchen seit Grimm*(I,第256页,《儿童玛丽》)中说,"三位一体"位于禁室中,我觉得这一点值得注意。

里有一棵树上的果子不能吃，这里也有一个房间不能打开。自然，主人公立刻进入了房间。没有比禁令更能吸引我们的事情了，它是使人抗命的最佳途径。显然，事情的背后有一项秘密计划，它不是为了释放公主，而是为了释放渡鸦。当主人公看到渡鸦时，渡鸦开始可怜地哭泣，说它口渴[①]。年轻人同情它，他不是用海索草和胆汁为它解渴，而是让它饮用甘甜的清水。于是，三颗钉子掉下来，渡鸦从敞开的窗户飞走了。于是，邪灵重获自由，变成了猎人，第二次偷走了公主。这一次，他把公主锁在地上的狩猎小屋里。这透

---

① 艾利安（*Da natura animalium*, I, 47）说，阿波罗让渡鸦永受干渴之苦，因为他派去取水的一只渡鸦耽误得太久了。在德国民间传说中，渡鸦需要在6月或8月忍受干渴，因为只有渡鸦没有在基督死去时哀悼，而且没有在挪亚派它离开方舟后返回（科勒，*Kleinere Schriften zur Marchenforschung*, 第3页）。关于作为邪恶比喻的渡鸦，参考胡戈·拉纳尔《教父神学中的世上之灵和神圣之灵》中的详细描述。另一方面，渡鸦与阿波罗关系密切，是他的神圣动物。在《圣经》中，渡鸦也有积极意义。参考《诗篇》147:9，"他赐食给走兽，和啼叫的小乌鸦"；《约伯记》38:41，"乌鸦之雏因无食物飞来飞去，哀告神。那时，谁为它预备食物呢？"渡鸦在《列王记上》17:6以真正"服侍精灵"的身份出现，为提斯比人以利亚提供每日的食物。

露了一部分秘密计划：公主必须被人从上层世界带到人间，这显然必须得到邪灵和人类抗命者的帮助。

在人间，灵魂猎人也是公主的主人，因此主人公需要再次干预。为此，我们看到，他从女巫那里弄到了四蹄马，破除了魔法师的三蹄魔咒。这个三位一体最初钉住了渡鸦，它也代表了邪灵的力量。这是指向相反方向的两个三位一体。

现在，我们转到另一个领域，即心理经历领域。我们知道，意识四功能中的三个可以分化，即获得意识，而第四个功能一直与母体即潜意识保持联系，被称为"低级"功能。即使对于最英勇的意识来说，它也是阿喀琉斯之踵：强人有薄弱之处，聪明人有愚蠢之处，善良人有邪恶之处，反之亦然。在童话中，三位一体表现为断足的四位一体。只要为三条腿添加一条腿，它就完整了。神秘的玛利亚公理是："……第四个来自第三个"——这也许是说，当第三个生成第四个时，它立刻生成了统一性。失去的成分被狼占有，属于大母神，它其实只是四分之一，但它和三个成分共同组成了没有分割和冲突的整体。

根据童话里的符号，四分之一同时也是三位一体。为什么？在这里，童话里的符号无法为我们提供帮助，我们必须求助于心理学事实。我之前说过，三个功能可以分化，只有一个功能留在潜意识魔咒之下。这种说法必须得到更加仔细的定义。经验表明，只有一个功能会得到比较成功的分化，因此被称为高级功能或主功能，它与外向型或内向型共同构成了意识态度的类型。这种功能与一两个部分分化的辅助功能有关，后者几乎永远无法实现和主功能同等程度的分化，即同等程度的意志适用性。所以，它们的自发程度高于主功能，后者具有很大的可靠性，服从我们的意志。另一方面，第四个功能即低级功能不受意志影响。它时而表现为揶揄而令人分心的小淘气，时而表现为天外救星。不过，它总是按照自己的意愿到来或离去。由此可见，就连分化功能也只是部分脱离了潜意识，它们仍然在一定程度上根植于潜意识，并在这种程度上按照潜意识的规则运行。所以，被自我支配的三个"分化"功能有三个对应的潜意识成分，后者还没有摆脱潜意识[1]。这些功能的三个有意识分化部分面对着第四个未分化功能，后者充当了令人痛苦不安的因素。类似地，潜意识似乎是高级功能最可怕的敌人。我们也不应该忽略我们最后的压力：就像魔鬼喜欢伪装成光明天使一样，低级功能秘密而淘气地对高级功能施加最大的影响，正如后者对前者的抑制最为强烈[2]。

真抱歉，虽然这个童话很"幼稚"，但它隐含了复杂的影射联系。为了解释这些联系，我不得不作出比较抽象的陈述。两个相反的三位一体与有意识和潜意识心理的功能结构完全吻合，其中一个禁止邪恶力量，另一个代表了邪恶力量。童话是自发、天真、未经谋划的心理产物，无法很好地表达任何事情，只能表达真实的心理。除了这个童话，其他无数童话也描绘了同样的心理

---

[1] 在 *Nordische Volksmarchen*, II, pp.126ff,《白色土地上的三位公主》中被描绘为三个被埋到脖子的公主。

[2] 关于功能理论，参考《心理类型》。

结构关系①。

这个童话异常清晰地揭示了精神原型本质上的对立性质，同时显示了对立事物令人困惑的相互作用，其唯一重要目标就是提高意识。年轻猪倌从动物层次爬到巨大世界树的顶部，在光明的上层世界发现了他被俘的阿尼玛，即出身高贵的公主。他象征了意识的上升，从接近动物的层次上升到拥有广阔视野的高处，这是特别恰当的意识视野扩大意象②。当男性意识达到这个高度时，它迎面遇到了它的女性对应物，即阿尼玛③。阿尼玛是潜意识的拟人化。这种相遇说明，将潜意识称为"潜意识"很不恰当：潜意识不仅位于意识"以下"，而且位于意识以上，位置很高，主人公甚至需要非常费力地往上爬。不过，这种"上层"

---

① 为方便外行人理解，我想补充一句。心理结构理论并非源于童话和神话，而是基于医疗心理研究领域的经验观察，远离普通医学实践领域的比较象征学研究对它的证实只是次要的。

② 这是典型的物极必反：当你无法沿着这条路继续上升时，你必须意识到你的另一面，沿原路爬下去。

③ 看到这棵树，年轻人想，"从这棵大树顶部向下观看世界会是怎样的呢？"

潜意识远非"超意识"，不会让任何获得它的人像主人公那样站在远离"潜意识"的高处，就像站在远离地面的高处那样。相反，他发现了讨厌的事实：在那里，他那崇高强大的阿尼玛即灵魂公主被人施了魔法，就像金笼中的鸟儿一样不自由。他可以满足于平步青云，从接近动物的愚蠢层次爬上来，但他的灵魂受到了邪灵的摆布，后者伪装成渡鸦，是具有阴间性质的罪恶父亲意象，而渡鸦是魔鬼的著名动物形象。当他自己的宝贵灵魂在囚禁中受苦时，崇高的地位和广阔的视野又有什么用呢？更糟糕的是，公主玩起了阴间游戏，表面上试图阻止年轻人发现她被囚禁的秘密，禁止他进入那个房间。不过，她的说法反而把他引到了那里。潜意识的两只手似乎在相互对抗。公主想获救，但又不想获救。邪灵大概也陷入了困境：他想从光明的上层世界偷窃美好的灵魂——作为有翼生物，他很容易做到这一点——但他没想到自己也会被关在那里。虽然他是黑暗精灵，但他渴望光明。这是他暗中的理由，正如他的被缚是对他罪过的惩罚。只要邪灵被囚禁在上层世界，公主就无法下凡，主人公就会一直迷失在天堂里。所以，他现在犯下了抗命的罪行，使盗贼逃跑，使公主第二次被诱拐——这是一连串灾难。这使公主来到了人间，使邪恶的渡鸦化身为猎人。超脱世俗的阿尼玛和邪恶本体双双下凡到人间，即缩小到人的比例，变得平易近人。无所不知的三蹄马代表了猎人自己的力量：它对应于潜意识的分化功能成分[①]。猎人本身象征了低级功能，它也在主人公身上表现为好奇心和对冒险的热爱。就像故事说的那样，他越来越像猎人：他也从女巫那里弄到了马。不过，猎人和他不同，没有得到喂食狼群的12只羊羔，因此狼群伤害了他的马。他忘记了给阴暗力量上贡，因为他只是盗贼而已。由此，主人公得知，潜意识只会以牺牲为代价让它的创造物离开[②]。数字12大概是时间符号，附带含义是在你获得自由之前需要为潜

[①] 潜意识成分的"无所不知"自然是夸张。不过，它们的确拥有潜在感知、潜意识记忆和本能原型内容，或者说受到它们的影响。它们为潜意识活动提供了意外准确的信息。

[②] 就像通常那样，猎人没有考虑到他的主人。我们很少或者从未考虑到精神活动造成的代价。

意识完成的 12 项任务[①]。猎人似乎是主人公之前通过盗窃和暴力获得灵魂的失败尝试。事实上，灵魂的征服需要耐心、自我牺牲和奉献。通过拥有四蹄马，主人公直接站在了猎人的位置上，他也把公主带走了。故事中的四位一体拥有更大的力量，因为它将尚不完整的事物融入到了它的整体中。

在这个应该说并不原始的童话中，精神的原型被表达为动物，作为三个功能的系统，它们从属于邪灵统一体，正如某个无名权威用三颗钉子钉住了渡鸦。两个超凡统一体在前一种情形中对应于低级功能，它是主功能的死敌，即猎人；在后一种情形中对应于主功能，即主人公。猎人和主人公最终相互等同，因此猎人的功能分解到了主人公身上。实际上，主人公从一开始就潜伏在猎人身上，用他所拥有的一切不道德途径纵容猎

---

① 参考赫拉克勒斯的故事。另外，炼金术师强调工作的漫长持续时间，谈到了"最长的道路""延续的沉思"等。数字 12 可能与基督教的年有关，基督的救赎工作是在一年内完成的。羊羔的牺牲大概也是由此而来。

人强暴灵魂，然后违背猎人的意志，让她落入自己手中。表面上，他们之间发生了激烈冲突，但在暗地里，他们是相互合作的。当主人公获得四位一体时——用心理学的话说，当他将低级功能同化到三元系统中时——事情变得非常清晰。主人公一举解决了冲突，使猎人的形象化为乌有。此次胜利后，主人公让公主骑上三蹄坐骑，二人共同前往公主父亲的王国。从此，她开始统治和象征之前为邪恶猎人服务的精神领域。所以，阿尼玛一直代表着永远无法同化到人力可及的整体中的潜意识成分。

完成手稿后，一个朋友向我介绍了这个故事的俄罗斯版本，名为《玛利亚·莫雷夫娜》（*Maria Morevna*）[1]。故事的主人公不是猪倌，而是扎雷维奇·伊凡（Czarevitch Ivan）。故事对三个乐于助人的动物作了有趣的解释：它们对应于伊凡的三个姐妹及其丈夫，后者其实是鸟。三姐妹代表与动物和精神领域有关的潜意识三功能。鸟

---

[1] 《海的女儿》——阿法纳塞夫，《俄罗斯童话》，pp.553ff。

人是一种天使，强调了潜意识功能的辅助性质。在故事中，和德国版本不同，在重要关头，当主人公被邪灵战胜，被杀死和肢解时（这是神人的典型命运），鸟人出面了①。邪灵是老人，他常常裸体出现，被称为不死的柯斯柴（Koschei）②。与女巫对应的角色是著名的芭芭雅嘎（Baba Yaga）。德国版本中三只乐于助人的动物在这里变多了，起初是鸟人，后来是狮子、怪鸟和蜜蜂。公主是玛利亚·莫雷夫娜女王，是令人敬畏的军事领袖——玛利亚天后在俄罗斯东正教赞美诗中被誉为"群众领袖"——她用12条锁链将邪灵锁在城堡禁室里。当伊凡给老魔鬼喝水时，魔鬼拐走了女王。神奇坐骑最终并没有变成人。这个俄罗斯故事听上去更加简单。

---

① 老人将肢解的尸体装进桶里，扔进大海。这使人想到了奥里西斯的命运（头和阴茎）。

② 源于 kost（骨头）、pakost（讨厌的）和 kapost（肮脏）。

五、补充

下列评论以专业内容为主，不是给大众看的。我起初想把它们从这篇文章的修改版中删除，但我改变了主意，将它们作为补充放在这里。对心理学没有特别兴趣的人完全可以跳过这一节。这是因为，我在下面讨论了神马三条腿和四条腿这一看似深奥的问题，介绍了我的反思，以说明我所使用的方法。这段心理分析首先依赖于非理性资料，即童话、神话和梦境，其次依赖于这些资料相互之间"潜在的"理性联系的意识。这些联系的存在性只是一种假设，就像宣称梦境有意义的假设一样。这种假设的真实性不是先验确立的：其作用只能通过应用证明。所以，你需要观察这种假设对于非理性资料的恰当使用能否带来有意义的解释。这种应用意味着在处理材料时假设它拥有连贯的内在含义。为此，大部分资料需要一定的扩充，即需要根据卡丹解释原则澄清、推广，近似成更加一般的概念。例如，为了认识三蹄性，你需要将其与马分离，然后将其近似为特定原则——三性原则。类似地，当你将童话中的四蹄性提升到一般概念层面时，它会与三产生关系。所以，我们得到了《蒂迈欧篇》提到的深奥问题，即三和四的问题。三位一体和四位一体代表的原型结构在一切象征主义中扮演着重要角色，对于神话和梦境的研究同样重要。通过将非理性资料（三蹄性和四蹄性）提升到一般概念层面，我们引出了这一主题的普遍含义，以便认真地探索和解决问题。这项任务涉及一系列专业反思和推导。在这里，我将其呈现在对心理学感兴趣的读者特别是专业人士面前。这项脑力劳动是一种典型的符号解读，对于充分理解潜意识产物很有必要。只有这样，你才能建立潜意识关系，得到自己的理解，这不同于来自预设理论的演绎解释，比如基于天文学、气象学、神秘学和性理论的解释。

三蹄马和四蹄马很深奥，值得仔细研究。三和四不仅使我们想到我们在心理功能理论中已经遇到的困境，而且使我们想到在炼金术领域具有重要作用的玛利亚先知公理。所以，我们应该更加仔细地研究神马的含义。

在我看来，第一件值得注意的事情是，公主得到的三蹄马是母马，它自己也是被施了魔法的公主。在这里，三显然与女性有关。不过，从主流宗教意识视角来看，这完全是男性事件。而且，三作为奇数，首先就与男性有关。所以，你可以将三直接解释成"男性"。考虑到古埃及神、卡穆特夫（Ka-mutef）[①]和法老的三位一体，这一点就更加明显了。

三蹄作为一些动物的属性，代表雌性生物内在的潜意识雄性。在女性身上，它对应于阿尼姆斯。和神马类似，阿尼姆斯代表"精神"。不过，对于阿尼玛，三与基督教的三位一体思想无关，

[①] 卡穆特夫意为"母亲的牛"。参考雅各布松，*Die dogmatische Stellung des Konigs in der Theologie der alten Aegypter*，17，第35，41页。

与构成"阴影"的低级三功能有关。人格的低级一半以潜意识为主。它不代表整个潜意识，只代表它的个人部分。另一方面，就区别于阴影的阿尼玛而言，它体现了集体潜意识。如果三作为坐骑被分给它，这表示它"骑着"阴影，与作为污点的阴影有关①。在这种情形中，它拥有阴影。不过，如果它本人是马，它就失去了作为集体潜意识拟人化的支配地位，被公主甲即主人公配偶"骑乘"，即占有。童话说得很清楚，巫术将它变成了三蹄马（公主乙）。

我们大概可以按照下面的思路来理解：

（1）公主甲是主人公的阿尼玛②。她骑着——即占有——三蹄马，后者是阴影，是她未来配偶的低级三功能。简单地说，她占有了主人公人格中低级的一半。她抓住了他软弱的一面，就像日常生活中经常发生的那样，因为你软弱的部分需

---

① 参考《转变的符号》，第 249—251，277 页。
② 她不是普通女孩，而是王室后裔，而且被邪灵选中，这说明她不是凡人，具有神话色彩。我只能假设读者熟悉阿尼玛概念。

要支持和补充。实际上，女人的位置在男人软弱的一边。如果我们将主人公和公主甲看作两个普通人，我们就会这样解释。不过，由于这是以魔法世界为主要舞台的童话，我们也许应该将公主甲解读成主人公的阿尼玛。在这种情形中，主人公通过与阿尼玛相遇脱离了尘世，就像梅林被仙子带离尘世一样：作为凡人，他就像陷入神奇梦境一样，透过迷雾观察世界。

（2）三蹄马是母马，和公主甲具有同等地位，这个意外使事情变得非常复杂。她（母马）是公主乙，以马的形象对应于公主甲的阴影（即她的低级三功能）。不过，公主乙与公主甲不同，没有骑马，而是被包含在马里：她被施了魔法，中了男性三位一体的咒语。所以，她被阴影占有。

（3）现在的问题是，这个阴影是谁的？它不可能是主人公的阴影，因为它已经被主人公的阿尼玛占有了。童话给出了答案：它是对她施了魔法的猎人或魔法师。我们已经看到，猎人与主人公存在某种联系，因为主人公逐渐进入了猎人的角色。所以，你很容易猜测，猎人本质上是主人公的阴影。不过,这种假设存在矛盾,因为猎人代表了可怕力量,他不仅囚禁了主人公的阿尼玛,而且染指了王室兄妹,这对兄妹在故事中几乎是凭空出现的,主人公及其阿尼玛并不知道他们的存在。这个超越个人范畴的力量拥有超越个人的性质,所以不能等同于阴影,前提是我们将阴影定义为人格中阴暗的一半。猎人的守护神作为超个体因素,是集体潜意识的主要因素,其典型特征包括猎人、魔法师、渡鸦、神马、世界树主枝高处的十字架刑罚或悬挂[①],它们非常紧密地触动了德国人的心理。所以,基督教世界观在投射到(德国)潜意识海洋时自然具有了沃旦的形象[②]。在猎人的形象中,我们看到了神的意象,因为沃旦也是风和精灵之神。所以,罗马人恰当地将他解释成墨丘利。

[①] "我期待被挂在,风中的树上,被挂整整九夜;我被矛所伤,被献给奥丁,自己对自己,无人知晓此树从何而来。"《哈瓦玛尔》,139(H.A.贝洛斯翻译,第60页)。

[②] 参考尼采在《阿里阿德涅的咏叹》中描述的上帝经历:"我只是你的采石场,最残忍的猎人!你最骄傲的俘虏,你们云彩后面的强盗!"

（4）所以，异教神抓住了王子和妹妹即公主乙，将其变成了马，即贬到了动物层面，使之进入潜意识领域。可见，具有正常人类形象的两个人属于集体意识领域。他们是谁？

为回答这个问题，我们必须从一个事实着手：这两个人无疑是主人公和公主甲的映像。另外，他们之所以与主人公和公主甲有关，是因为他们是主人公和公主甲的坐骑，因此表现为他们低级动物的一半。动物几乎完全没有意识，因此总是象征着人隐藏在身体本能生命阴影中的心理领域。主人公骑乘的公马以偶数（阴性）四为特征；公主甲骑乘的母马只有三条腿（三是阳数）。这些数字表明，从人到动物的转化伴随着性别特征的改变：公马拥有雌性特征，母马拥有雄性特征。心理学对此证明如下：根据男人被（集体）潜意识掌控的程度，他们不仅在本能领域会遭到更加不受控制的入侵，而且会出现某种女性特征，我认为它应该叫做"阿尼玛"。另一方面，如果女人被潜意识支配，其女性特征的阴暗面会更加强烈地显现出来，伴随着鲜明的男性特征，后者被总结为"阿尼姆斯"①。

（5）根据童话，兄妹二人的动物形象是"不真实的"，仅仅来自异教猎神的魔法影响。如果他们只是动物，我们就可以满足于这种解读。不过，我们会在沉默中错误地忽略对于性别特征转变的奇特暗示。白马不是普通的马，而是拥有超自然力量的神兽。所以，变成马的人一定也有类似的超自然力量。童话对此没有说明。如果我们的假设是正确的，即两个动物形象对应于主人公和公主甲的亚人成分，那么王子和公主乙的人类形象一定对应于他们的超人成分。最初的猪倌成为了主人公，几乎成为了半神，因为他没有和猪在一起，而是爬上世界树，差点像沃旦一样在那里遭到囚禁，这体现了他的超人性。类似地，如果他一开始与猎人没有一定的相似性，他就不可能变得像猎人一样。同样，公主甲被囚禁在世界树顶部，这证明了她的高贵。根据童话，她睡在猎人的床上，就此而言，她其实是神的新娘。

---

① 参考艾玛·荣格，《论阿尼姆斯的性质》。

这些主角光环和天选的非凡力量近乎超人，使两个非常普通的人获得了超人的命运。所以，在凡间，猪倌变成了国王，公主获得了理想的丈夫。由于童话中不仅有尘世，还有魔法世界，因此人类命运并不是故事的结局。所以，童话还不忘指出魔法世界发生了什么。在那里，王子和公主也被邪灵掌控，而邪灵自己也陷入困境，必须借助外力才能脱身。所以，猪倌和公主甲的人类命运在魔法世界存在对应物。猎人具有异教神形象，因此超越了主人公及其情人的神界。就此而言，这种相似性超越了单纯的魔法世界，进入了神圣精神领域。在那里，邪灵即魔鬼自身——至少是某个魔鬼——被同样强大甚至更强大的本体对手用魔咒束缚，其象征是三颗钉子。这种最高的矛盾对立是整个故事的主线，它显然是上层和下层三位一体的冲突。用神学语言来说，这是基督教的上帝与以沃旦形象出现的魔鬼的冲突[1]。

---

[1] 关于沃旦的三位一体性，参考宁克，*Wodan und germanischer Schicksalsglaube*，第142页。其中，沃旦的马据说也有三条腿。

(6)看起来，要想正确理解这个故事，我们必须从这个最高层次出发，因为故事始于邪灵最初的罪过。之后，他立刻被钉十字架。在这种痛苦的局面下，他需要外部帮助。由于上方无法提供帮助，他只能从下方获得帮助。一个年轻猪倌带着顽皮的冒险精神，鲁莽而好奇地攀爬世界树。如果他掉下去，摔断脖子，大家一定会说，"是哪个邪灵使他产生了攀爬这棵巨树的疯狂想法？"这种说法不完全是错误的，因为这正是邪灵的目的。公主甲的被俘是凡间的罪过，半神——我们可以这样假定——兄妹所中的魔咒是魔法世界的严重暴行。这种巨大的罪行可能是邪灵在公主甲中魔咒之前实施的，但我们不知道这一点。不管怎样，这两件事是邪灵在魔法世界和凡间犯下的罪行。

救援者或救赎者是猪倌，就像浪子一样，这并非没有深层含义。他出身卑微，这与炼金术奇特的救赎者概念非常相似。他的第一个解救行为是将邪灵从神圣惩罚中释放出来。整个复杂的故事源于这一行为，它代表疾病消退的第一阶段。

（7）这个故事的寓意非常奇怪。结局令人满意的地方在于，猪倌和公主甲结了婚，成了国王和王后。王子和公主乙也结婚了。根据古代国王特权，它采取了乱伦的形式。虽然它有点讨厌，但你只能将其看作半神界的习俗[①]。你可能会问，邪灵怎样了呢？在故事一开始，他摆脱了合理的惩罚。邪恶的猎人被马踩成了碎片，这大概不会对精灵造成持久伤害。显然，他销声匿迹了，但这只是表象，因为他还是留下了一丝痕迹，即凡间和魔法世界来之不易的幸福。猪倌和公主甲以及王子和公主乙代表的四位一体的两半走到一起并结合：两对夫妻现在相互面对，相似但却不同，因为一对属于凡间，一对属于魔法世界。我们看到，尽管存在这种明确差异，他们之间仍然存在隐秘的心理联系，这使我们能够从一对夫妻推导出另一对。

[①] 公马叫母马"妹妹"，这证明了他们是兄妹的假设。这可能只是一种亲切称呼。不过，妹妹就是妹妹，不管我们将其看作亲妹妹还是爱称。而且，乱伦在神话和炼金术中扮演着重要角色。

第三章 精神在童话中的现象

这个童话始于最高点。从童话角度,你不得不承认,半神界先于凡间出现,并且按照自己的样子创造了凡间,正如半神界一定来自神界。从这种角度看,猪倌和公主甲其实是王子和公主乙在世上的映像,而王子和公主乙是神圣原型的衍生物。我们也不能忘记,养马的女巫属于猎人,是他的女伴,就像古代的艾波娜(Epona,凯尔特女马神)一样。遗憾的是,童话中没有交待他们是怎样把人变成马的。不过,女巫显然与此有关,因为这两匹马都是由她饲养的,从某种意义上说是她的产物。猎人和女巫组成了一对,是神圣父母在魔法世界夜晚阴暗区域的映像。你很容易在基督教核心思想基督及其教堂新娘中看到神圣父母的影子。

如果你想从个人角度解释童话,你一定会失败,因为原型不是异想天开的发明,而是先于一切发明思想存在于潜意识心理中的自主元素。它们代表了心理世界的不变结构,这个结构对于有意识头脑的决定性影响可以证明其"真实性"。所以，人类的一对[1]与潜意识中的另一对相对应，后者看上去只是前者的映像，这是一个重要的心理现实。在现实中，王室一对总是作为先验首先出现。所以，在空间和时间上，对于永恒原始意象的个体具体化，人类一对拥有更大的意义，至少是在心理结构上，这个结构刻印在生物连续体之中。

所以，我们可以说，猪倌代表了在上层世界某处拥有灵魂伴侣的"动物性"的人。这个伴侣的王室出身暗示了她与事先存在的半神一对的联系。从这个角度看，后者代表了男人可以成为的一切，前提是他在世界树上爬得足够高[2]。这是因为，由于年轻猪倌占有了那个贵族，即他的女性另一半，他接近了半神一对，将自己提升到了王室领域，这意味着普遍有效性。我们在基督玫瑰十字会的《化学婚礼》中可以看到相同的主题。

---

[1] 这里的人类是指阿尼玛被人取代。

[2] 大树对应于炼金术师所说的哲学树。所谓的"利普莱卷轴"上可以看到凡人和阿尼玛的相遇，后者以美人鱼的形象向下游。参考《心理学与炼金术》，图 257。

在那里，国王的儿子必须将新娘从摩尔人的手中释放出来，这个新娘自愿做了摩尔人的小老婆。摩尔人代表炼金术中的黑化，里面隐藏着神秘物质，这种思想构成了与上述神话的另一重相似性。用心理学的话说，它构成了这个原型的另一种变体。

和炼金术类似，这个童话描述了补偿有意识基督教局面的潜意识过程。在童话中，精神让我们的基督教思想超越基督教会概念的边界，以解答中世纪和现在都无法解答的问题。不难看出，第二对王室夫妇的意象对应于基督教会的新郎和新娘概念，猎人和女巫的意象对应于这个概念转向返祖潜意识沃旦主义的扭曲版本。这个童话来自德国，这使这种观点显得特别有趣，因为沃旦主义是国家社会主义的心理教父[1]，而国家社会主义现象在全世界面前使这种扭曲堕落到了最低谷[2]。另一方面，童话表明，只有通过黑暗精灵的

---

[1] 国家社会主义是二战前希特勒等人提出的社会主张。德国国家社会主义工人党又叫纳粹党。

[2] 参考我的《沃旦》。

合作，男人才能获得完整性。实际上，黑暗精灵是救赎和个体化的工具原因。这种极度反常的精神发展目标是一切自然的抱负，在基督教教义中也得到了预示。在这种目标下，国家社会主义摧毁了人的道德自主性，建立了国家的荒谬集权主义。童话告诉我们，要想战胜黑暗力量，我们必须以其人之道还治其人之身。如果猎人的地下魔法世界保持潜意识状态，如果国家最优秀的人宁愿宣传教条主义和陈词滥调，也不愿意认真对待人类心理，我们自然无法做到这一点。

六、总结

当我们考虑童话和梦境中以原型形式出现的精神时，我们看到了与有意识精神思想存在奇特差异的画面，后者拥有许多不同含义。精神起初是具有人类或动物形象的精神，是凭空降临到人身上的精灵。不过，我们的材料已经显示了意识扩张的迹象，它逐渐开始占据最初的潜意识领地，至少在一定程度上将这些精灵转变成主动行为。人不仅征服了自然，而且征服了精神，但他并没有意识到他在做什么。对于拥有开明智力的人来说，当他认识到他所认为的精神只是人类精神，归根结底是他自己的精神时，他仿佛是在纠正谬误。被之前时代看作精灵的一切善良和邪恶的超人事物被缩小到"合理"比例，仿佛它们是纯粹的夸张，一切似乎都处于最好的秩序中。不过，人们过去的普遍信仰真的只是夸张吗？如果不是，精神的整合就意味着妖魔化，因为之前从性质上被捆绑在一起的超人精神力量被吸收到人性内部，从而为它赋予了以最危险的方式无限超越人格边界的力量。我问开明的理性主义者：理性的减少是否导致了对于物质和精神的有益控制？他会自豪地指出物理学和医学的进步，指出头脑从中世纪蒙昧中获得的释放。作为好心的基督徒，他还会指出我们从魔鬼恐怖中的解脱。不过，我们还要问：我们其他所有文化成就带来了什么？可怕的答案出现在我们眼前：人类摆脱了无所畏惧的状态，可怕的噩梦笼罩在世界上。到目前为止，理智可悲地失败了，每个人想要回避的事情正在以可怕的速度发展起来。人类获得了大量有用设备。相应地，他也开启了深渊。现在，他会怎样呢——他能在哪里止步呢？上次世界大战后，我们期待理智：我们一直在期待。不过，我们已经被原子裂变的可能性迷住了，为自己许诺了黄金时代——而这极为明确地保证了可怕的荒凉会发展到不受限制的维度。导致这些情况的是谁？是什么？当然是无害的、巧妙的、有创意的、拥有甜蜜理性的人类精神。遗憾而可悲的是，它没有意识到仍然依附在它身上的魔鬼信仰。更糟糕的是，这个精神会尽一切努力避免直面自己，我们也在疯狂地帮助它。只是，天堂使我们远离心理学——堕落的心理学可能会带来自知之明！相反，它让我们拥有战争。我们总会将战争归罪到某个人头上。没有人看到，整个世界正在被迫去做所有人恐惧和躲避的事情。

坦率地说，在我看来，过去的时代并没有夸张，精神并没有摆脱魔鬼信仰，人类由于科技发展，正在越来越多地让自己陷入着魔的危险中。的确，精神的原型既能行善，又能作恶。不过，善良是否转变成邪恶取决于人的自由决定——即意识决定。人最严重的罪恶是潜意识，但是就连那些应该作为教师和榜样为人类服务的人也带着最大的虔诚沉浸在潜意识中。我们何时不再将人们这种野蛮举止看作理所当然的事情，极为严肃地寻找为他驱魔的方式和途径，以拯救他脱离着魔和潜意识，使之成为文明最重要的任务？我们难道无法理解,所有外部修补和改善都无法触及人的本性,一切最终取决于科学技术的使用者能否负起责任?基督教向我们指明了道路。不过,我们看到,它对表象的揭露还不够深刻。还要多深的绝望才能使世界上负责任的领导者睁开眼睛,至少不再使自己遭到诱惑?

第四章

论愚者形象的心理

对我来说，在有限的评论篇幅内谈论美洲印第安神话中的愚者（trickster）形象并不轻松。当我多年前首次接触阿道夫·班德利尔（Adolf Bandelier）关于这一主题的经典作品《欢乐制造者》时，它与中世纪欧洲教会狂欢节的相似性令我感到惊讶，这些狂欢节逆转了等级秩序。这种现象在今天学生协会举办的嘉年华中还在继续。这种矛盾性的某种成分同样符合中世纪将魔鬼描述成上帝之猿的说法，并且符合民间传说对魔鬼的刻画，即遭到"愚弄"和"欺骗"的"傻瓜"。墨丘利的炼金术形象体现了典型愚者主题的有趣组合，比如他对诡诈笑话和恶意玩笑的喜爱，他作为变形人的力量，他那半兽半神的双重性，他所遭受的各种折磨——以及最后最重要的一点——他与救世主形象的相似性。由于这些特征，墨丘利仿佛是从远古时代复活的魔鬼，比希腊的赫尔墨斯还要古老。他的诡诈在一定程度上与民间传说和童话中为人熟知的各种人物存在联系，比如大拇指汤姆（Tom Thumb）、愚蠢汉斯（Stupid Hans）和丑角汉斯乌斯特（Hanswurst）。汉斯乌斯特完全是反面人物，但他凭借愚蠢成功取得了其他人不管怎样努力都无法取得的成就。在格林童话中，"精灵墨丘利"中了农家小伙的诡计，只能用宝贵的神药购买他的自由①。

由于所有神话形象对应于内心经历，最初源于内心经历，因此你可以在超心理学领域找到一些令人联想到愚者的现象，这并不令人吃惊。这些现象与促狭鬼有关，它们在青春期以前的儿童周围随时随地都会发生。促狭鬼的恶作剧与他低水平的智力和愚蠢的"沟通"一样有名。变形能力似乎也是他的特点之一，因为许多人说他以动

---

① 年轻人把墨丘利从瓶子里放出来，但墨丘利却想拧断年轻人的脖子。年轻人说，他不相信墨丘利是从瓶子里钻出来的。于是，墨丘利钻进瓶子里。年轻人立刻把瓶子塞住。墨丘利承诺把神药交给年轻人，年轻人第二次把他放了出来。

物形象出现。由于他有时将自己描述为地狱中的灵魂，因此主观痛苦的主题似乎也不欠缺。可以说，他的普遍性和萨满教是共同扩展的。我们知道，唯灵论的所有现象都属于萨满教。萨满和巫师的性格中存在愚者成分，因为他们也常常对人开恶意的玩笑，而且会被他们伤害的人报复。所以，他们的职业有时会使他们陷入生命危险。而且，萨满巫术本身常常为巫师带来许多不适甚至真正的痛苦。不管怎样，在世界许多地区，"巫师的培养"会为身体和灵魂带来许多痛苦，可能导致永久心理伤害。他们"与救世主的相似性"显然来自于此，这证明了一个神话事实：受伤的伤害者是治愈者，受苦者会带走痛苦。

这些神话形象甚至扩展到了人类精神发展的最高领域。例如，如果考虑耶和华在《旧约》中表现出的魔鬼特征，我们会发现，这些特征在许多地方类似于愚者难以预测的行为、毫无意义的毁灭狂欢和他强加给自己的痛苦，以及同样逐渐发展成救世主的过程和同时进行的人性化。正是这种从无意义到有意义的转变揭示了愚者与"圣人"的互补关系。在中世纪早期，这导致了一些基于古代农神节记忆的奇特的基督教会习俗。人们主要在基督诞生后不久——即新年——用唱歌和跳舞进行这种纪念。舞蹈是神父、低级教士、儿童和副助祭的三步舞，在教会里进行，起初无伤大雅。人们在悼婴节选出儿童主教，为他穿上主教袍。在热情的欢呼中，他正式拜访大主教的宫殿，从一扇窗户发出主教祝福。同样的事情也发生在三步舞会，以及其他级别神职人员的舞会中。到了12世纪末，副助祭舞会堕落成了真正的愚者宴会。1198年的一份报告称，在巴黎圣母院的割礼宴会中，人们实施了"许多令人憎恶和羞耻的行径"，使这个神圣场所被"下流笑话甚至流血"亵渎。教皇英诺森三世（Innocent III）徒劳地抨击"使神职人员遭到嘲弄的玩笑和疯狂"，以及"他们无耻疯狂的戏剧表演"。250年后（1444年3月12日），巴黎神学院致所有法国主教的信函仍然在怒斥这些节日。在这些节日，"就连神父和神职人员也会选出大主教、主教和教皇，称之为愚者教皇"。"在礼拜仪式中间，人们戴着怪异面具，伪装成女人、狮子和哑剧演员，表演舞蹈，共同演唱下流歌曲，在靠近神父弥撒的圣坛一角吃油腻的食物，进行掷骰游戏，点燃用旧鞋革制作的难闻的香，在整个教堂里蹦来跳去①"。

这种名副其实的女巫狂欢节异常流行，教会摆脱这种异教遗产需要付出许多时间和精力，这并不令人吃惊②。

在某些地方，就连神父似乎也在坚持庆祝"腊月自由节"，即愚者节日，尽管（或者因为）更加古老的意识层次可以在这个快乐的节日沉浸在异教的所有疯狂、放荡和不负责任中③。这些仪

---

① 杜·康热（Du Cange），*Glossarium*，s.v.Kalendae，第1666页。这里需要注意，法语标题"sou-diacres"的字面意思是"喝醉的执事"。

② 这些习俗似乎直接模仿了被称为"塞弗拉"或"塞弗路斯"的异教节日。它的日期是1月1日，是一种新年节日。人们在这一天交换礼物，打扮成动物和老妇人，在街上载歌载舞，接受众人的欢呼。根据杜·康热的说法，人们会唱起亵渎神的歌曲。这种活动甚至发生在罗马圣彼得教堂附近。

③ 在许多地方，愚人节的部分活动包括由主教和大主教担任队长、由神父担任队员的球类游戏，"他们也可能尽情享受回力球游戏"。在回力球游戏中，球员相互扔球。参考杜·康热，s.v.Kalendae 和 pelota。

式体现了原始形式的愚者精神。到了16世纪初，这些仪式似乎消失了。不管怎样，从1581年到1585年颁布的各种宗教会议法令只禁止儿童节和儿童主教的选举。

最后，在这方面，我们还必须提到驴节。据我所知，这个节日主要存在于法国。虽然它被视为纪念玛利逃往埃及的没有恶意的节日，但它的纪念方式有些奇特，很容易导致误解。在博韦，驴队直接走进教堂[①]。在随后举行的大弥撒的每个部分（祭文，垂怜曲，《荣耀颂》等）结尾，会众学驴叫，所有人发出"咿-啊"的声音。一本显然来自11世纪的抄本写道："在弥撒结尾，神父不是说'弥撒结束'，而是驴叫三声。会众不是说'感谢上帝'，而是说三次'咿-啊'。"

杜·康热（Du Cange）引用了这个节日的赞美诗：

Orientis partibus

[①] "女孩骑着驴，站在阅读福音书的圣坛旁边。"杜·康热，s.v. festum asinorum。

Adventavit Asinus

Pulcher et fortissimus

Sarcinis aptissimus.

每节后面是法语副歌：

Hez, Sire Asnes, car chantez

Belle bouche rechignez

Vous aurez du foin assez

Et le l'avoine a plantez.

这首赞美诗有九节，最后一节是：

Amen, dicas, Asine (hic genuflectebatur)

Jam satur de gramine.

Amen, amen, itera

Aspernare vetera.[1]

杜·康热说,这种仪式看上去越可笑,人们对它的纪念就越热情。在其他地方,驴子上搭着金篷,四角被"优秀教士"托着,在场的其他人需要"穿着合适的节日盛装,就像在过圣诞节一样"。由于存在一些将驴与基督建立符号联系的趋势,由于从古时起,犹太人的神被通俗地看作

---

[1] 不是 vetera,而是 Caetera? A.S.B. 格洛弗(Glover)翻译:

古老的驴子,
从最东边而来,
清秀强壮,适合赶路,
适合负重。

那么,请大声歌唱,驴主人,
不要在意诱人的零食:
你不会缺草料,
燕麦也供应充足。

说阿门,阿门,好驴子,(这里屈膝)
你现在吃够了草;
古老的道路被留在身后:
用愉快的心情唱阿门。

驴——这一偏见扩展到了基督本人[①]，就像巴拉丁帝国候补军官学校墙壁上的模拟十字架像显示的那样——因此兽形化的危险非常迫近，令人不适。就连主教也无法消除这种习俗。最终，只能由"最高权威元老院"制止这种行为。渎神的怀疑在尼采的《驴节》中变得非常公开，该文是对弥撒的故意亵渎性模仿[②]。

这些中世纪习俗完美地说明了愚者的角色。当它们从教会管区内消失时，它们在意大利剧院的世俗层面作为丑角重新出现，常常装饰着巨大的直鸟标志，用纯正拉伯雷风格的下流话娱乐远非拘谨的大众。卡洛（Callot）的版画为后世保留了这些经典形象——普尔奇内拉（Pulcinellas）、库科罗纳斯（Cucorognas）、奇科·斯加拉斯（Chico Sgarras）等[③]。

[①] 另见德尔图良，*Apologeticus adversus gentes*，XVI。
[②] 《查拉图斯特拉如是说》，第四部分，第七十八章。
[③] 在这里，我想到了名为"斯菲萨尼亚之舞"的系列。这个名字很可能是指伊特鲁里亚的菲塞尼亚镇，它以粗野的歌曲著称。所以，贺拉斯（Horace）写了 *Fescennina licentia*，其中菲塞尼努斯相当于 φαλλικος。

在流浪故事中，在游乐和狂欢活动中，在神奇的治疗仪式中，在人们的宗教恐惧和兴奋中，这个愚者幽灵萦绕在所有时代的神话中，有时具有明确无误的形象，有时戴着得到奇特调整的伪装[①]。他显然是"心理方程"，一种特别古老的原型心理结构。在最清晰的表现形式中，他是完全未分化的人类意识的忠实反映，对应于几乎没有离开动物层面的心理。从因果和历史角度看，这显然是愚者形象的起源。和生物学类似，在心理学上，我们不能忽视和低估这个起源问题，尽管答案通常只能告诉我们功能意义。所以，生物学永远不应该忘记目的问题，因为只有回答这个问题，我们才能理解现象。在病理学中，我们关心本身没有意义的损伤。即便如此，单纯的因果策略也是不够的，因为只有当我们探索一些病理现象的目的时，我们才能发现其意义。当我们关心正常生命现象时，这个目的问题具有无可争议的优先级。

---

① 参考《柳叶刀》(1953)，第238页，A.麦克格拉册的《日报众神》，该文指出，连环画中的人物拥有明显的原型相似性。

所以，如果原始或野蛮意识在很早的发展水平上构成了自身的画面，并在几百年甚至几千年里持续如此，即使其古老特征受到高度发展和分化的头脑产物污染时也未受影响，那么，其因果解释是，古代特征越古老，其行为就越保守，越坚决。你根本无法摆脱事物原本的记忆意象，只能拖着它们前进，就像拖着毫无意义的附肢一样。

这种解释很简单，可以满足我们这个时代的理性主义要求，但它显然无法得到温尼贝戈人的认可，后者是愚者循环最近的传人。对他们来说，神话绝不是遗迹——它太有趣了，是完整享受的对象，不可能是遗迹。对他们来说，神话仍然"有用"，前提是他们没有被文明污染。对他们来说，研究神话的意义和目的没有世俗理由，正如圣诞树对于天真的欧洲人来说似乎完全没有问题。不过，对于有思想的观察者来说，愚者和圣诞树都是完全值得反思的事情。自然，观察者对于这些事情的思考在很大程度上取决于他的心态。考虑到愚者循环粗糙的原始性，如果你在这种神话中只看到早期原始意识阶段的映像，这并不令人吃惊，这个映像看上去显然是愚者①。

唯一需要回答的问题是，这种拟人映像在实证心理学中是否存在。实际上，它们的确存在，这些分裂或双重人格的经历构成了心理病理研究最早的核心内容。这些分离现象的奇特之处在于，分裂的人格不只是随机人格，它与自我人格存在补充或补偿关系。它是性格特征的拟人化，有时比自我人格差，有时比自我人格好。像愚者这样的集体人格化是个体聚集的产物。作为所有人都很熟悉的事物，它受到所有人的欢迎。如果它只是来自个体，情况就不是这样了。

如果神话只是历史遗迹，你会问，为什么它没有在很久以前消失在历史的垃圾堆中，为什么它还在影响最高层次的文明。在这种文明里，就连愚者也由于愚蠢和怪异的粗俗而不再扮演"欢乐制造者"的角色。在许多文化中，他的形象就

---

① 早期意识阶段似乎留下了可以感知的痕迹。例如，密宗的脉轮大体上对应于意识之前所在的区域，心轮对应胸部，脐轮对应腹部，海底轮对应膀胱区，喉轮对应喉部和现代人的语言意识。参考阿瓦隆，《蛇力》。

像仍有流水的古老河床一样。最能体现这一点的事实是，愚者主题不仅以神秘形式突然出现，而且以同样天真和真实的方式出现在毫无戒心的现代人身上——实际上，每当他感觉自己受到讨厌"意外"的支配，后者以明显的恶意阻挠他的意志和行为时，这种现象就会出现。此时，他会谈论"恶运""霉运"或"事物的恶作剧"。在这里，代表愚者的是潜意识中的对抗趋势，有时是某种幼稚而低级的第二人格，类似于在降灵会上出现的、像促狭鬼一样制造各种难以言喻的幼稚现象的人格。我称之为阴影。我想，这是指示这种性格成分的合适名称①。在文明层面，它被视为个人的"失礼""差错""失态"等，并被看作意识人格的缺陷。我们不再意识到，狂欢和类似习俗中有集体阴影形象的遗迹，这证明了个人阴影在一定程度上源于超自然的集体形象。这个集体形象在文明冲击下逐渐解体，在民间传说中留下难以识别的遗迹。不过，他的主体得到个人化，成了

---

① 教父爱任纽也有同样的思想，他称之为"本影"。*Adversus haereses*, I, ii, 1。

个人责任的对象。

拉丁（Radin）的愚者循环保存了原始神话形式的阴影，因此回溯到很早的意识阶段，它存在于神话诞生之前，当时印度人还在类似的思想黑夜中摸索。只有当人的意识达到更高的层次时，他才能摆脱之前的状态，将其客体化，即对其发表评论。显然，只要他自己的意识和愚者类似，这种正视就不可能发生。只有当他获得更新、更高的意识层次，回顾更低、更差的状态时，这种可能性才会出现。可以想见，这种回顾伴随着许多嘲笑和蔑视，它为人类的历史记忆铺上了更厚的幕布。不管怎样，这种记忆都很讨厌。这种现象在他的头脑发展历史中一定无数次重新出现。当今时代回顾过往世纪品味和智力时的极度轻蔑态度是这方面的经典案例，《新约》也明确提到了这一现象。《使徒行传》17:30 告诉我们，上帝从上向下观察无知（或者潜意识）的时代。

这种态度与更加常见、更加惊人的对于过去的理想化形成了奇特对比。我们不仅将过去誉为"美好的往昔"，而且将其誉为黄金时代——持这种观点的不只是未受教育的迷信群体，还有所有热心于神智学的人，他们坚信，大西洲过去是存在的，而且文明程度很高。

如果你所在的文化领域探索过去某个时期的完美状态，那么当你遇到愚者形象时，你一定会感到非常奇怪。他是救世主的先驱，与救世主、上帝、人和动物同时存在相似性。他既是亚人，又是超人，同时拥有动物和神的成分，其最惊人的主要特点是他的潜意识。所以，他被同伴（显然是人）抛弃，这似乎意味着他落到了他们的意识层次以下。他对自己的意识很弱，他的身体甚至不统一，左右手互搏。他取下肛门，委以特别任务。就连他的性别也是可选的，尽管他有阴茎特征：他可以转变成女人，生孩子。他用阴茎制作各种有用的植物。这暗示了他最初作为造物主的身份，因为世界是用神的身体创造的。

另一方面，他在许多方面比动物还要愚蠢，一次又一次陷入可笑的困境中。虽然他的本性并不邪恶，但他出于单纯的潜意识和冷漠做出了最残暴的事情。他的头卡在驼鹿的头骨里，这一情节暗示，他被囚禁在动物的潜意识中。在下一个情节中，为了超越这一状态，他将老鹰的头放在自己的直肠里。之后，他立刻掉入冰层以下，再次陷入困境。他一次又一次被动物欺骗，但他最终成功欺骗了狡猾的草原狼，这使他恢复了救世主的本性。愚者是具有神性和兽性的原始"宇宙"存在，一方面由于超人特征优于人类，另一方面由于非理性和潜意识而不如人类。他也无法与动物匹敌，因为他非常笨拙，缺少本能。这些缺陷是他人类特征的标志，这些特征不像动物特征那样能够很好地适应环境，但却拥有基于巨大学习热情的更好的意识发展前景，就像神话中充分强调的那样。

神话的代代相传体现了一些内容过去的治疗作用。由于仍然有待讨论的原因，这些内容永远不应该被人长期遗忘。如果它们只是低级状态的遗迹，人们对它们的漠视就是可以理解的，因为它们的重新出现令人厌恶。显然，事实绝非如此，因为愚者直到文明时代一直是快乐的源泉。在文明时代，在狂欢节形象普尔奇内拉和小丑身上，你仍然可以看到他的影子。这是他仍然在发挥作用的一个重要原因。不过，这不是唯一原因，当然也不是这个极为原始的潜意识状态映像固化成神话人物的原因。正在衰亡的早期状态的单纯遗迹通常会日益失去活力，否则它们永远不会消失。最不可能的情况是，它们有能力通过自己的传说循环固化成神话形象——当然，除非它们从外部获得能量，这里是从更高的意识层次或者还没有枯竭的潜意识来源获得能量。这里用个体心理作一个合理类比，即站在个体意识对立面的令人震撼的阴影形象的出现：这个形象之所以出现，不仅是因为它仍然存在于个体中，也是因为它依赖于某种动态，这种动态的存在只能用他的真实情况来解释，比如因为他的自我意识非常厌恶阴影，因此需要将其抑制在潜意识中。这种解释不太符合这里的情况，因为愚者显然代表了正在消失的意识层次，它日益缺少表达和宣示自己的力量。而且，抑制会阻止它消失，因为被抑制的内容也是最有机会保存下来的内容，因为根据我们的经验，潜意识中的任何事情都不会被修改。最后，愚者的故事一点也不会被温尼贝戈人的意识所厌恶，或者和它存在任何不兼容。相反，它令他们愉快，因此不会导致抑制。所以，这种神话似乎得到了意识的积极维持和培养。这完全有可能，因为它是保持阴影形象意识，使之接受意识批评的最好、最成功的方法。虽然这种批评起初更具积极评价性质，但是我们可以预料，随着意识的进步，神话更加粗糙的内容会逐渐消失，即使它在白人文明压力下迅速消失的危险并不存在。我们常常看到，一些起初残忍而下流的习俗随着时间的推移变成了遗迹①。

历史表明，这一主题的无害化过程需要很长时间，即使在很高的文明水平上，你仍然可以发现它的痕迹。神话中描述的潜意识状态的力量和活力以及它对有意识头脑的秘密吸引力和魅力也可以解释它的长寿。虽然生物领域的纯因果假设通常不是令人非常满意，但你必须对下述事实给

---

① 例如，如果我没记错的话，在一名牺牲者死于肺炎后，巴塞尔1月下半月对"乌埃利"（来自Udalricus，意为乡巴佬、傻瓜、愚人乌尔里奇）的躲避在19世纪60年代被警方禁止。

予足够的重视：对于愚者，较高的意识层次覆盖了较低层次，后者已经在撤退了。不过，他的回忆主要源于有意识头脑赋予他的趣味性。同时，我们看到，不可避免的是，最初具有自主性、甚至令人着迷的原始魔鬼形象逐渐得到教化，即同化。

所以，如果用最后一个策略补充因果策略，我们可以得到对于医疗心理学以及神话和童话而言更有意义的解释。其中，医疗心理学关注源于潜意识的个体幻想，神话和童话则是集体幻想。

正如拉丁所说，教化过程始于愚者循环自身框架内部，这清晰表明，原始状态被覆盖了。不管怎样，最深刻的潜意识标志离开了他。在循环结尾，愚者不再以残暴、野蛮、愚蠢而无意义的方式行动，他的行为变得非常有用和明智。他之前潜意识的贬值即使在神话中也很明显，你会猜测他的邪恶去哪儿了。天真的读者可能会想象，当阴暗面消失时，它们在现实中不复存在了。不过，根据经验，这根本不是事实。事实是，有意识头脑得以摆脱邪恶的吸引，不再被迫强制作恶。

阴暗和邪恶没有烟消云散，只是由于失去能量撤到了潜意识中。只要意识一切正常，它们就会一直保持潜意识状态。不过，如果意识处于重要或可疑的情形中，你很快就会发现，阴影并没有消失，只是在等待有利时机作为邻居的投影重新出现。如果这种策略取得成功，他们之间会立刻出现原始黑暗世界，愚者的一切典型特征都会出现——即使这是在最高的文明层面上。在这种状态中，一切都在出问题，除了最后时刻的失误以外没有任何明智可言。通俗语言将这种状态恰当而真实地总结为"耍猴戏"。耍猴戏的最佳案例自然出现在政治领域。

所谓的文明人忘记了愚者。他只记得象征和比喻意义上的愚者。当他被自己的笨拙激怒时，他会说，命运在戏弄他，事情被施了魔法。他从未怀疑，他自己看似无害的隐性阴影具有一些性质，其危险性超过了他最疯狂的梦境。当人们聚集起来，将个体淹没时，这个阴影就会活动起来。就像历史显示的那样，它甚至可能得到拟人化和具象化。

"一切从外部进入人类心理，后者原本是白纸一张"的灾难性思想导致了"个体在正常情况下井然有序"这一错误观念。接着，个体向国家寻求救赎，让社会补偿他的低效。他认为，如果人们将食物和衣服免费送到他的家门口，或者如果每个人都有汽车，他就可以发现存在的意义。这是取代潜意识阴影、使之保持潜意识状态的幼稚性。由于这些偏见，个体感觉自己完全依赖于环境，失去了所有反省能力。这样一来，他不再拥有道德准则，只知道哪些是集体允许、禁止和命令的事情。在这种情况下，你怎么能指望士兵对于上级命令进行道德检查呢？他还没有发现，他可以产生自发道德冲动并将其付诸实施——即使没有人在看他。

我们可以从这种视角看出，为什么愚者神话得到了保存和发展：和其他许多神话类似，它被认为具有治疗效果。它将早期低级智力和道德水平保持在更加高级的个体面前，使他不会忘记历史。我们往往认为，我们不理解的事情不会为我们带来任何帮助。事实并非永远如此。一个人很少仅仅通过头脑去理解事情，尤其是当他是原始人时。由于神话的超自然性，它对潜意识具有直接影响，不管它是否得到理解。它的口口相传并没有在很久以前中断。我相信，这是因为它是有用的。这种解释很困难，因为有两种相反的趋势：摆脱过去状态的愿望和不忘记过去的愿望①。显然，拉丁也感到了这种困难，因为他说："从心理学角度看，你可以认为，文明的历史在很大程度上是在讲述人们对于从动物到人的转变过程的遗忘。②"隔了几页，他说（指黄金时代）："拒绝遗忘的固执并非意外。③"当我们试图阐述人们对于神话的矛盾态度时，我们会立刻陷入矛盾，这也并非意外。即使是最开明的人也会为孩子竖立圣诞树，完全不会想到这种习俗的含义，而且总是喜欢消灭任何解释的萌芽。如今，在城市和乡村，许多所谓的迷信非常流行，这使人非常吃惊。如

---

① 不忘记某事意味着将它保存在意识中。如果敌人从我的视野中消失，他可能在我后面——这更加危险。
② 拉丁，《原始人的世界》，第3页。
③ 拉丁，《原始人的世界》，第5页。

果你抓住某个人,响亮而清晰地问他:"你是否相信鬼魂、女巫、咒语和魔法?"他会愤怒地否认。他很可能从未听说过这些事情,认为它们都是胡说八道。不过,他暗中完全支持这些想法,就像丛林居民一样。不管怎样,大众对于这些事情知之甚少,因为所有人都相信,在这个开明的社会,这种迷信早已被根除,你会表现得就像从未听说过这些事情一样,更不要说相信它们了,这是社会习俗的一部分。

不过,一切都没有丢失,包括与魔鬼的血契。表面上,它被遗忘了,但它在人们心里并没有被遗忘。我们就像东非埃尔贡山南坡的居民一样,其中一个居民曾在进入林区的部分道路上与我同行。在一处岔路口,在他和家人居住的山洞附近,我们遇到了一个崭新的"幽灵陷阱",它搭建得很漂亮,就像小木屋一样。我问他,这个木屋是不是他搭建的。他极度激动地予以否认,称只有孩子才会制作这种"朱朱"。然后,他踢了一脚,把木屋踢倒了。

这正是我们今天在欧洲可以看到的反应。从

外表看，人们比较文明，但他们的内心仍然是原始人。人们一方面很不愿意放弃他的起源，另一方面相信他早已超越了所有起源。一次，我以非常极端的方式理解了这种矛盾。当时，我在观看一个"斯特鲁德尔"（当地某种巫医）为马厩解除魔咒。马厩紧挨着戈特哈德铁路，几辆国际特快列车在仪式期间驶过。车上的乘客几乎不会想到，距离他们几米远的地方正在举行原始仪式。

两种意识维度的冲突只是心理极化结构的表现而已。和其他能量系统类似，它取决于对立事物的矛盾。这同样可以解释，为什么所有的一般心理学命题都可以很好地逆转过来。实际上，它们的可逆性证明了它们的有效性。我们永远不应该忘记，在任何心理学讨论中，我们不是在谈论心理；相反，心理一直在谈论它自己。认为我们可以通过"头脑"超越心理的想法是没有用的，即使头脑宣称它不取决于心理。它怎样证明这一点呢？如果愿意，我们可以说，一种陈述来自心理，仅仅具有心理属性，另一种陈述来自头脑，具有"精神属性"，因此高于心理陈述。二者都只是基于观念假设的断言而已。

事实是，这种古老的心理内容三层结构（实质的、心理的和灵性的）代表了心理的极化结构，而心理是经验的唯一直接对象。人类心理性质的统一性在于中间，正如瀑布的生动统一性表现在上方和下方的动态联系中。面对神话形象的自主性，享有自由和独立的高级意识无法摆脱它的吸引，只能臣服于它的巨大影响。此时，你会体验到神话的生动影响。这种形象是有效的，因为它暗中参与观察者的心理，作为它的映像出现，尽管你没有将它识别出来。它从他的意识中分离出来，因此表现得像自主人格一样。愚者是集体阴影形象，是个体所有低级性格特征的汇总。由于个体阴影作为人格成分从不缺席，因此集体形象可以根据它持续构造自己。当然，它不总是具有神话形象。由于原始神话主题日益受到抑制和忽视，它也会以其他社会群体和国家的相应投影出现。

如果我们将愚者看作个体阴影的平行事物，就会出现一个问题：我们能否在主观个人阴影中看到愚者神话中的意义趋势？由于这个阴影在梦境现象中经常以明确形象出现，因此我们可以对这个问题给出肯定回答：虽然阴影从定义上看是负面形象，但他有时拥有某些指向不同背景的清晰可辨的特征和关联。他似乎将有意义的内容隐藏在不讨人喜欢的外表之下。经验可以证明这一点，更重要的是，被隐藏的事物通常由日益神秘的形象组成。站在阴影后面、距离它最近的是阿尼玛[①]，它被赋予了很大的魅力和吸引力。它常常以年轻的形象出现，同时又将智慧老人（圣人、魔法师、国王等）的强大原型隐藏在身后。这个序列可以扩展下去，但这样做没有意义，因为你在心理上只能理解你亲身经历的事情。情结心理学概念本质上不是学术阐释，而是某些经历领域的名称。虽然我可以描述它们，但是对于没有经历过的人来

[①] 通过"站在阴影后面"这种比喻，我想说明，阿尼玛问题即关系问题取决于阴影的识别和融合程度。与阴影的相遇应该会为自我与内部和外部世界的关系带来长期影响，因为阴影的融合带来了人格的改变，这是可以理解的。参考《永恒纪元》，第二部分，pars.13ff。

说，它们一直是死的，是无法表示的。例如，我注意到，人们通常很容易描述阴影的含义，即使他们更喜欢使用一些拉丁和希腊术语，使之听上去更加"科学"。不过，他们很难理解阿尼玛是什么。当它出现在小说中，或者作为电影明星出现时，他们很容易接受它，但在考虑它在他们个人生活中扮演的角色时，他们完全无法理解它，因为它总结了男人永远无法战胜、一直在应对的一切。所以，它一直处于无法触碰的情绪状态中。人们在这方面的潜意识程度是非常惊人的。所以，你几乎不可能让惧怕自己女性特征的男人理解阿尼玛的含义。

实际上，这并不令人吃惊，因为即使是对于阴影最简单的洞察有时也会为现代欧洲人带来最大的困难。不过，由于阴影是最接近他的意识、最不具爆炸性的形象，因此它也是在潜意识分析中首先出现的人格成分。作为可笑的威吓形象，它站在个体化道路的最开始，提出看似简单的斯芬克斯之谜，或者冷酷地要求人们解决"鳄鱼难题"[1]。

在愚者神话结尾，如果救世主得到暗示，这个令人安慰的预兆或希望意味着某种灾难发生过，得到了有意识的理解。只有经历过灾难，人们才会渴望救世主出现——换句话说，阴影的认可和不可避免的融合造成了恐怖的局面，只有救世主才能解开复杂的命运之网。对于个体，阴影带来的问题在阿尼玛层面通过关联性得到了回答。和个体历史类似，在集体历史中，一切取决于意识的发展。这逐渐带来了摆脱潜意识牢笼的解放[2]，因此是光明和治愈的提供者。

和集体神话形式类似，个体阴影内部也包含物极必反的种子，即转化到对立面的种子。

---

[1] 鳄鱼偷走了母亲的孩子。母亲要求鳄鱼归还孩子。鳄鱼回答说，它可以满足她的愿望，条件是她对它的问题给出正确的回答。它的问题是："我是否归还孩子？"如果她回答"是"，这个回答是错误的，她不会要回孩子。如果她回答"不是"，这个回答仍然是错误的。所以，母亲不管怎样都会失去孩子。

[2] 诺伊曼，《意识的起源和历史》。